高等学校建筑环境与能源应用工程专业规划教材

# 工程热力学与传热学实验原理与指导

## Experimental Principles and Guidance of Engineering Thermodynamics & Heat Transfer

袁艳平 曹晓玲 孙亮亮 主编

中国建筑工业出版社

**图书在版编目（CIP）数据**

工程热力学与传热学实验原理与指导/袁艳平，曹晓玲，孙亮亮主编. —北京：中国建筑工业出版社，2013.9
ISBN 978-7-112-15416-6

Ⅰ.①工… Ⅱ.①袁…②曹…③孙… Ⅲ.①工程热力学-实验②工程传热学-实验 Ⅳ.①TK123-33②TK124-33

中国版本图书馆CIP数据核字（2013）第091188号

责任编辑：张文胜　姚荣华
责任设计：董建平
责任校对：王雪竹　赵　颖

高等学校建筑环境与能源应用工程专业规划教材
**工程热力学与传热学实验原理与指导**
袁艳平　曹晓玲　孙亮亮　主编
*
中国建筑工业出版社出版、发行（北京西郊百万庄）
各地新华书店、建筑书店经销
霸州市顺浩图文科技发展有限公司制版
北京市密东印刷有限公司印刷
*
开本：787×1092毫米　1/16　印张：8¼　字数：200千字
2013年8月第一版　2013年8月第一次印刷
定价：**20.00**元
ISBN 978-7-112-15416-6
（23498）

# 序

为了适应社会经济发展和科技进步的需求，2012 年建筑环境与设备工程专业教学指导委员会对本专业进行调整，将建筑智能设施、建筑节能技术与工程两个专业纳入到建筑环境与设备工程专业。自此，建环专业范围扩展为建筑环境控制、城市燃气应用、建筑节能、建筑设施等领域，专业名称调整为“建筑环境与能源应用工程”，并于 2013 年开始以新专业名称进行招生。

在建筑环境与能源应用工程专业的知识体系中，工程热力学和传热学属于专业基础知识的范畴，而其对应的实验则为专业基础实验。工程热力学是研究能量转换与能量高效利用的学科。传热学是研究热量传递过程及其规律的学科。工程热力学和传热学都是与工程实践密切相关的学科，学生通过实验不仅可以加深对理论知识的理解，还可以提高其实际操作能力。

该书的编写组长期致力于工程热力学和传热学的教学与研究，所教授的工程热力学和传热学皆为四川省精品课程。此外，该书编写组还负责热能与动力工程、机械工程和车辆工程等专业的基础课程——热工基础的教学。该书内容区别于其他教材的一大特点是在满足建筑环境与能源应用工程专业实验教学的同时，还兼顾了相关专业的背景和特点，提高了该书对不同工业技术类专业的适用性。

该书可作为高等院校建筑环境与能源应用工程专业和热能与动力工程等相关专业的实验教学用书，希望本书的出版能对建筑环境与能源应用工程专业以及相关专业的人才培养有所裨益。

**教育部高等学校能源动力类教学指导委员会主任**

**2013 年 6 月 18 日**

# 前　言

“工程热力学”和“传热学”不仅是建筑环境与能源应用工程专业的重要专业基础课，同时也是热能动力专业、车辆专业、机械专业和载运专业的专业基础课。工程热力学和传热学实验教学是培养学生观察和运用所学知识去分析解决实际问题的一个重要教学过程，它与课堂教学相辅相成，是理论教学的补充。通过本实验教学，培养学生分析测试系统和从事科学试验的初步能力。

本书分为工程热力学和传热学实验原理和实验指导两部分。实验原理部分包含了测量的基本知识，并介绍了工科实验及工程实践常用的几类测量仪表：压力测量、温度测量、流量（速）测量及湿度测量。实验指导部分包含 8 个基础实验。实验教学的目的是验证、巩固和补充课堂讲授的理论知识，通过实验，使学生初步掌握热能有效利用以及热能和其他能量转换规律的基本知识，以及热量传递的基本规律。使学生能正确运用热力学的基本原理进行热工和热力循环的分析：培养学生运用所学的理论解决实际问题的能力以及对实验结果进行综合分析并撰写实验报告的能力；通过实验，使学生能辨识热工设备、学会热工仪器仪表的使用方法。

本书内容全面、简明、实用，可作为高等院校建筑环境与能源应用工程专业和热能与动力工程专业实验教学用书，也可供建筑热能工程技术人员工作时参考。本书内容涵盖了建筑环境与能源应用工程专业和热能与动力工程专业工程的教学实验。

本书得到了西南交通大学教育教学改革研究项目的支持；在编写过程中得到了西南交通大学秦萍教授的热心指导及毕海权教授的大力协助，在此一并表示衷心感谢。由于编者水平有限，书中难免有错误和不妥之处，敬请读者不吝赐教。

**编者**

**2013 年 6 月于西南交通大学**

# 目　　录

## 上篇　工程热力学与传热学实验原理



## 下篇　工程热力学与传热学实验指导

# 上　篇

# 工程热力学与传热学实验原理

# 第一章　绪　　论

## 第一节　测量的基本知识

### 一、测量的定义

测量是指人们借助专门的工具，通过实验的方法和对实验数据的分析计算，获得被测量的过程。被测量可以用下式表示：

$$X_0=\mu U \tag{1-1}$$

式中　$X_0$——被测量；

$U$——测量单位；

$\mu$——被测量的真实数值，也简称为真值。

由于测量误差会不可避免地出现，所以在测量时应尽量使测量值接近于真实值。为了最大限度地减少误差，应当选择合适的测量方法，采用国家或国际公认的测量单位，使用足够精确的测量仪器；同时还应减少不必要的主观影响和环境影响带来的误差。

### 二、测量的方法

测量方法就是实现被测量与测量单位的比较，并给出比值的方法，一个物理量的测量，可以通过不同的方法实现。必须根据测量的要求及测量条件选择合理的测量方法。如果选择的测量方法不正确，即使仪器的精密度很高，也不能获得准确的结果。

按照获取测量结果的方式的不同，测量方法可分为直接测量法、间接测量法和组合测量法。

（1）直接测量法　即将被测量与标准量比较，能直接得到测量结果的方法。如用天平直接测量质量，用玻璃温度计直接测量介质温度等，此方法的优点是简单迅速，是应用最广泛的测量方法。

（2）间接测量法　对于不能直接得到测量结果的测量过程，利用被测量与某些量之间具有的某种确定函数关系，通过测量间接量从而得到被测量数值的方法，称之为间接测量法。例如，直接测量灯泡两端的电压和电流，通过计算得到电灯泡的功率。

（3）组合测量法　被测量需用多个未知参数表过时，可以通过改变测量条件进行多次测量，求解方程组来获得测量结果，此类方法称为组合测量法。例如，测量某电阻的温度系数，其电阻值与温度的关系为：$R_t=R_0(1+at+bt^2)$，式中，$R_t$是温度为$t$℃时电阻的数值，可以直接测得。要取得系数$a$和$b$，可以通过在不同温度$t_1$，$t_2$下直接测量相应的电阻值$R_{t1}$、$R_{t2}$，分别带入关系式，联立求解该二元一次方程组得到。

按测量工具方式分类，测量方法可以分为偏差测量法、零位测量法和微差测量法。

（1）偏差测量法　测量中用仪表指针位移表示被测量的方法称为偏差测量法。其特点是简单迅速，但精度不高，多用于工程测量。

（2）零位测量法　测量中用准确已知的标准量具与被测量进行比较，调整量具并使它随时等于被测量，然后读出量具的量值，这就是零位测量法。其特点是比较费时，操作繁琐，反应比较慢。

（3）微差测量法　测量中先用零位法将标准量与被测量进行比较，得到量值，再用偏差法测出余下的偏差值，被测量即为量值与偏差值的代数和。微差测量法结合了偏差测量法和零位测量法的优点，其操作简单，精度比较高，反应快，在实际工程中得到了广泛的应用。

此外，按被测量与测量探头是否接触，可分为接触测量法和非接触测量法；按被测量在测量过程中的状态，分为动态测量和静态测量；按测量仪器是否直接表示被测量的大小，分为绝对测量和相对测量。

## 第二节　测量的误差

在测量过程中，由于受到测量装置的限制、环境条件的影响、测量方法的不同和测量人员心理上、生理上等这些原因的作用，不可避免地会造成测量结果与被测真值之间的差异，称之为测量误差。测量误差反映了测量质量的好坏，误差值越小，说明测定值越接近于真值。根据测量误差的规律性，找出消除或减少误差的方法，科学地表达出测量结果，合理地设计测量系统，这就是测量误差分析的目的。

### 一、测量误差的表示方法

测量误差一般可用绝对误差和相对误差表示。

1. 绝对误差

绝对误差是指仪表的测量值与被测量的真实值之间的差值，即

$$\delta = x - x_0 \tag{1-2}$$

式中　$\delta$——绝对误差；

$x$——测量值；

$x_0$——被测量的真实值。

在测量过程中测量误差的存在是不可避免的，任何测量值都只能近似反映被测量的真实值。也就是说，在实际的测量中，绝对准确的真实值是得不到的。因此，在常规的测量中，一般把比所用的测量仪表更准确的标准表的测量结果作为被测量的真实值。

2. 相对误差

相对误差是指仪表的绝对误差与被测量的真实值之比，用百分数表示，即

$$\text{相对误差} = \frac{x - x_0}{x} \times 100\% \tag{1-3}$$

对于大小不同的测量值，相对误差比绝对误差更能反映测量值的准确程度，相对误差越小，测量的准确性越高。

### 二、测量误差的分类

由于不同的测量误差性质，测量误差主要分为三大类：系统误差、随机误差和粗大误差。

1. 系统误差

在相同条件下，对一被测量进行多次等精度测量，若测量结果的误差大小和符号保持

不变或按照某一规律变化，这种误差称为系统误差。对于大小和符号始终保持不变的误差，称为恒值系统误差；当误差按照某一确定规律变化时，称为变值系统误差。产生系统误差的主要原因有：测量仪器设计原理及制作上的缺陷、实验方法的不完善、测量的环境条件的变化等，可通过对测量仪表进行校正或重新配置、改进测量方法、改善测量环境等进行消除。

2. 随机误差

随机误差是指在相同条件下，对同一被测量进行多次测量，测量结果有一定的分散性，即误差大小和符号的变化均无法预测的测量误差。随机误差体现了多次测量的精密度，随机误差小，则精密度高。一般随机误差不能通过修正或采取某种技术措施消除。从单个随机误差来看，其出现的符号和大小没有任何规律性，但是随着测量次数的增加，大量随机误差就表现出一定的分布规律，如正态分布规律。因此只有在测量条件不变的情况下，对测量数据进行统计处理，才能计算出随机误差。

随机误差主要来自：电磁场的微变，零件的摩擦、间隙，热起伏，空气扰动，气压及湿度的变化，测量人员的感觉器官的无规则变化而造成的读数不稳定等。

3. 粗大误差

测量结果与被测量值的真实值相比差别比较大，使该次测量失效的误差称为粗大误差。粗大误差主要来自于：测量方法不当或错误，测量操作疏忽和失误，测量条件的突然变化造成测量仪器示值的剧烈变化等。存在粗大误差的测量值，在处理时我们应该舍弃不用或剔除，以免其影响测量结果。粗大误差只能在一定程度上减弱，不好完全消除。

需要注意的是，除粗大误差较易判断和处理外，在大多数情况下，一次测量中系统误差和随机误差会同时存在，需根据其对测量结果的影响程度，作不同的具体处理：

（1）系统误差≫随机误差时，基本上可按纯粹系统误差来处理，也就是忽略随机误差。

（2）系统误差与随机误差相当或相差很小且两者均不能忽略时，应按不同的方法分别来处理，然后再估计其最终的综合影响。

（3）系统误差很小或已修正，基本上可按纯粹的随机误差来处理。

**三、测量的准确度、精密度和正确度**

1. 准确度

多次测量的平均值与真实值的相一致程度，称为准确度。它是建立在精密度和正确度的基础上，表示测量结果中系统误差和随机误差大小的程度。准确度是衡量测量质量好坏的重要标志之一，通常用相对误差来表示，误差小，则准确度高；误差大，则准确度低。

2. 精密度

精密度是指在相同条件下，对被测量值进行多次测量，测量值之间的重复性程度。它表征测定过程中随机误差的大小，随机误差越大，测量值越分散，精密度越低；随机误差越大，测量值越密集，则精密度越高。精密度通常以算数平均差、标准差和方差来量度。

3. 正确度

对同一被测量进行多次测量，测量值偏离被测量值真实值的程度。它表征测量过程中系统误差的大小，系统误差越小，正确度越高。

精密度与准确度是两个不同的概念，但又有一定程度上的联系，仪器的精密度好，其准确度不一定高；如果要提高准确度，一定要求仪器的精密度好，因为系统误差并不影响仪器的精密度，但它会影响测量结果的准确度。

## 第三节　随机误差分析

在测量某零件的长度时，由于种种偶然因素的影响，存在随机误差，其长度的测量值是一个随机变量。一般人们只关心这个零件的平均长度及其测量结果的精密度，即平均值与离散度。又如，对一个射击手的射击技术的评定，除了根据他多次射击的平均命中环数评定之外，还要看他每次射击命中的环数与平均命中环数相差大不大。相差越大，表明射击命中点越分散，射击手的技术越不稳定。由这些例子可以看出，需要引进一些用来表示平均值和衡量离散程度的量，这些量能够描绘随机变量的主要性质，称其为随机变量的数字特征，其中最主要的是数学期望值和方差。

### 一、测量值的数学期望和标准差

1. 数学期望

期望的目的是找一个能反映随机变量取值的“平均”的一个数字特征。设对被测量 $x$ 进行 $n$ 次等精度测量，得到 $n$ 个测得值：

$$x_1, x_2, x_3, \cdots, x_n \tag{1-4}$$

定义 $n$ 个测得值（随机变量）的算术平均值为：

$$\bar{x}=\frac{1}{n}\sum_{i=1}^{n}x_i \tag{1-5}$$

式中，$\bar{x}$也称作样本平均值。

各次测得值与算术平均值之差，定义为剩余误差或残差：

$$v_i=x_i-\bar{x} \tag{1-6}$$

当 $n$ 足够大时，残差的代数和等于零，这一性质可用来检验计算的算术平均值是否正确。

当测量次数 $n\to\infty$时，样本平均值$\bar{x}$的极限定义为测得值的数学期望：

$$E_{\mathrm{x}}=\lim_{n\to\infty}\left(\frac{1}{n}\sum_{i=1}^{n}x_i\right) \tag{1-7}$$

式中，$E_{\mathrm{x}}$也称为总体平均值。

假设上面的测得值中不含系统误差和粗大误差，则第 $i$ 次测量得到的测得值$x_i$与真值 $A$ 间的绝对误差就等于随机误差：

$$\Delta x_i=\delta_i=x_i-A \tag{1-8}$$

式中　$\Delta x_i$、$\delta_i$——分别表示绝对误差和随机误差。

随机误差的算术平均值：

$$\begin{aligned}\bar{\delta}&=\frac{1}{n}\sum_{i=1}^{n}\delta_i=\frac{1}{n}\sum_{i=1}^{n}(x_i-A)\\&=\frac{1}{n}\sum_{i=1}^{n}x_i-\frac{1}{n}\sum_{i=1}^{n}A\end{aligned} \tag{1-9}$$

$$= \frac{1}{n}\sum_{i=1}^{n} x_i - A$$

当 $n\to\infty$ 时，上式中第一项即为测得值的数学期望 $E_x$，所以

$$\bar{\delta} = E_x - A \ (n\to\infty) \tag{1-10}$$

由于随机误差的抵偿性，当测量次数 $n$ 趋于无限大时，$\bar{\delta}$ 趋于零，即：

$$\bar{\delta} = \lim_{n\to\infty}\left(\frac{1}{n}\sum_{i=1}^{n}\delta_i\right) = 0 \tag{1-11}$$

即随机误差的数学期望值等于零。由式（1-10）和式（1-11）得：

$$E_x = A \tag{1-12}$$

即测得值的数学期望等于被测量真值 $A$。

在实际测量中，当测量次数足够多时近似认为：

$$\bar{\delta} = \frac{1}{n}\sum_{i=1}^{n}\delta_i \approx 0 \tag{1-13}$$

$$\bar{x} \approx E_x = A \tag{1-14}$$

由上述分析可知，在实际测量工作中，当基本消除系统误差和剔除粗大误差后，虽然仍有随机误差存在，但多次测得值的算术平均值很接近被测量真值，因此就将它作为最后测量结果，并称之为被测量的最佳估值或最可信赖值。

2. 方差与标准差

随机误差反映了实际测量的精密度即测量值的分散程度。由于随机误差的抵偿性，因此不能用它的算术平均值来估计测量的精密度，应使用方差进行描述。方差定义为 $n\to\infty$ 时，测量值与期望值之差的平方的统计平均值，即：

$$\sigma^2 = \lim_{n\to\infty}\frac{1}{n}\sum_{i=1}^{n}(x_i - E_x)^2 \tag{1-15}$$

因为随机误差 $\delta_i = x_i - E_x$，故有：

$$\sigma^2 = \lim_{n\to\infty}\frac{1}{n}\sum_{i=1}^{n}\delta_i^2 \tag{1-16}$$

式中，$\delta^2$ 称为测量值的样本方差，简称方差。式中 $\delta_i$ 取平方的目的是：无论 $\delta_i$ 是正是负，其平方总是正的，相加的和不会等于零，从而可以用来描述随机误差的分散程度。这样在计算过程中不必考虑 $\delta_i$ 的符号，从而带来方便。求和再平均后，使个别较大的误差在式中占的比例也较大，使得方差对较大的随机误差反映较灵敏。

由于实际测量中 $\delta_i$ 都带有单位（mA，V，MPa 等），因而方差 $\sigma^2$ 是相应单位的平方，使用不甚方便。为了与随机误差 $\delta_i$ 单位一致，将式（1-16）两边开方，取正方根，得：

$$\sigma = \sqrt{\lim_{n\to\infty}\frac{1}{n}\sum_{i=1}^{n}\delta_i^2} \tag{1-17}$$

式中，$\sigma$ 定义为测量值的标准误差或均方根误差，也称标准误差，简称标准差。反映了测量的精密度，$\sigma$ 值小表示精密度高，测得值集中，$\sigma$ 值大表示精密度低，测得值分散。

## 二、随机误差的正态分析

1. 正态分布

前面提到，随机误差的大小，符号虽然显得杂乱无章，事先无法确定，但当进行大量

等精度测量时，随机误差服从统计规律。理论和测量实践都证明，测得值 $x_i$ 与随机误差 $\delta_i$ 都按一定的概率出现。在大多数情况下，测得值在其期望值上出现的概率最大，随着对期望值偏离的增大，出现的概率急剧减小。表现在随机误差上，等于零的随机误差出现的概率最大，随着随机误差绝对值的加大，出现的概率急剧减小。测得值和随机误差的这种统计分布规律，称为正态分布，如图 1-1 和图 1-2 所示。

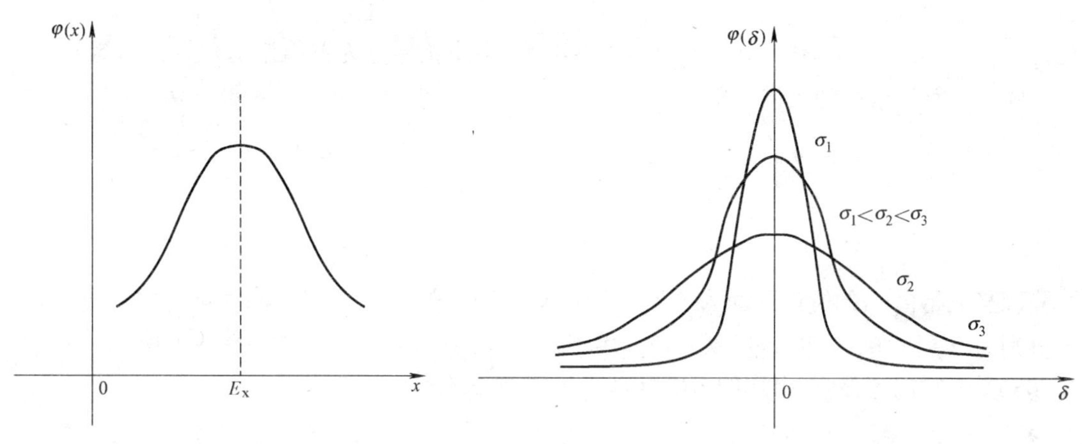


图 1-1　$x_i$ 的正态分布曲线　　　　图 1-2　$\delta_i$ 的正态分布曲线

设测得值 $x_i$ 在 $x$ 到 $x+\mathrm{d}x$ 范围内出现的概率为 $p$，它正比于 $\mathrm{d}x$，并与 $x$ 值有关，即：

$$p\{-\infty<x_i<x+\mathrm{d}x\}=\varphi(x)\mathrm{d}x \tag{1-18}$$

式中，$\varphi(x)$ 定义测量值 $x_i$ 的分布密度函数或概率分布函数，显然有：

$$p\{-\infty<x_i<\infty\}=\int_{-\infty}^{\infty}\varphi(x)\mathrm{d}x=1 \tag{1-19}$$

对于服从正态分布的测量值 $x_i$，有：

$$\varphi(x)=\frac{1}{\sigma\sqrt{2\pi}}\cdot e^{-\frac{(x-E_x)^2}{2\sigma^2}} \tag{1-20}$$

同样，对于正态分布的随机误差 $\delta_i$，有：

$$\varphi(\delta)=\frac{1}{\delta\sqrt{2\pi}}\cdot e^{-\frac{\delta^2}{2\sigma^2}} \tag{1-21}$$

由图 1-2 可以看到如下特征：

（1）$\sigma$ 越小，$\varphi(\delta)$ 越大，说明绝对值小的随机误差出现的概率大；相反，绝对值大的随机误差出现的概率小，随着 $\sigma$ 的加大 $\varphi(\delta)$ 很快趋于零，即超过一定界限的随机误差实际上几乎不出现（随机误差的有界性）。

（2）大小相等、符号相反的误差出现的概率相等（随机误差的对称性和抵偿性）。

（3）$\sigma$ 越小，正态分布曲线越尖锐，表明测得值越集中，精密度高；反之 $\sigma$ 越大，曲线越平坦，表明测得值分散，精密度越低。

正态分布又称高斯分布，在误差理论中占有重要的地位。由众多相互独立的因素的随机微小变化所造成的随机误差，大多遵从正态分布，限于篇幅，本书下面仅讨论正态分布情况。

2. 极限误差 $\Delta$

对于正态分布的随机误差，根据式（1-21），可以算出随机误差落在［$-\sigma$，$+\sigma$］区间的概率为：

$$p\{|\delta_i|\leqslant\sigma\}=\int_{-\sigma}^{\sigma}\frac{1}{\sigma\times\sqrt{2\pi}}\cdot e^{-\frac{\sigma^2}{2\sigma^2}}\cdot d\sigma=0.683 \tag{1-22}$$

该结果的含义可理解为，在进行大量等精度测量时，随机误差 $\delta_i$ 落在［$-\sigma$，$+\sigma$］区间的测得值的数目占测量总数目的 68.3%，或者说，测得值落在［$E_x-\sigma$，$E_x+\sigma$］区间（该区间在概率论中称为置信区间）内的概率（在概率论中称为置信概率）为 0.683。

同样，可以求得随机误差落在［$-2\sigma$，$+2\sigma$］和［$-3\sigma$，$+3\sigma$］区间的概率为：

$$p\{|\sigma_i|\leqslant 2\sigma\}=\int_{-2\sigma}^{2\sigma}\frac{1}{\sigma\times\sqrt{2\pi}}\times e^{-\frac{\sigma^2}{2\sigma^2}}\times d\sigma=0.954 \tag{1-23}$$

$$p\{|\sigma_i|\leqslant 3\sigma\}=\int_{-3\sigma}^{3\sigma}\frac{1}{\sigma\times\sqrt{2\pi}}\times e^{-\frac{\sigma^2}{2\sigma^2}}\times d\sigma=0.997 \tag{1-24}$$

即当测得值 $x_i$ 的置信区间为［$E_x-2\sigma$，$E_x+2\sigma$］和［$E_x-3\sigma$，$E_x+3\sigma$］时的置信概率分别为 0.954 和 0.997。也就是说，随机误差绝对值大于 $3\sigma$ 的概率（可能性）仅为 0.003 或 0.3%，实际上出现的可能性极小，因此定义

$$\Delta=3\sigma$$

为极限误差，或称最大误差，也称作随机不确定度。如果在测量次数较多的等精度测量中，出现了 $|\delta_i|>\Delta=3\sigma$ 的情况（由于 $\delta_i=x_i-E_i=x_i-A$，$E_x$ 或 $A$ 无法求得，就以 $\overline{x}$ 代替，此时随机误差 $\delta_i$ 以残差 $v_i=x_i-\overline{x}$ 代替），则必须予以仔细考虑，通常将 $|v_i|\approx|\delta_i|>3\sigma$ 的测得值判为坏值，应予以删除。另外，按照 $|\delta_i|>3\sigma$ 来判断坏值是在进行大量等精度测量、测量数据属于正态分布的前提下得出的。通常将这个原则称为莱特准则。

3. 贝赛尔公式

在上面的分析中，随机误差 $\delta_i=x_i-E_i=x_i-A$，其中 $x_i$ 为第 $i$ 次测得值，$A$ 为真值，$E_x$ 为 $x_i$ 的数学期望，且 $E_x=\lim\limits_{n\to\infty}\frac{1}{n}\sum\limits_{i=1}^{n}x_i=\lim\limits_{n\to\infty}\overline{x}=A$。在这种前提下，用测量值数列的标准差 $\delta$ 来表征测量值的分散程度，并有 $\delta=\lim\limits_{n\to\infty}\sqrt{\frac{1}{n}\sum\limits_{i=1}^{n}\delta_i^2}$。但是实际上不可能做到 $n\to\infty$ 的无限次测量。当 $n$ 为有限值时，用残差 $v_i=x_i-\overline{x}$ 来近似或代替真正的随机误差 $\delta_i$，用 $\hat{\sigma}$ 表示有限次测量时标准误差的最佳估计值，可以得到：

$$\hat{\sigma}=\sqrt{\frac{1}{n-1}\sum_{i=1}^{n}v_i^2} \tag{1-25}$$

4. 算术平均值的标准差

如果在相同条件下将被测量分成 $m$ 组，每组重复测量 $n$ 次，则每组测得值都有一个平均值 $\overline{x}$。由于随机误差的存在，这些算术平均值也不相同，而是围绕真值有一定的分散性，即算术平均值与真值间也存在着随机误差。用 $\sigma_{\overline{x}}$ 来表示算术平均值的标准差，由概率论中方差运算法则可以求出：

$$\sigma_{\overline{x}}=\sigma/\sqrt{n} \tag{1-26}$$

同样定义 $\Delta_{\overline{x}}=3\sigma_{\overline{x}}$ 为算术平均值的极限误差，$\overline{x}$ 与真值间的误差超过这一范围的概率

极小，因此，测量结果可以表示为：

$$\begin{aligned} x &= \text{算术平均值} \pm \text{算术平均值的极限误差} \\ &= \bar{x} \pm \Delta_{\bar{x}} \\ &= \bar{x} \pm 3\sigma_{\bar{x}} \end{aligned} \tag{1-27}$$

在有限次测量中，以 $\hat{\sigma}$ 表示算术平均值标准差的最佳估计值，有：

$$\hat{\sigma}_{\bar{x}} = \hat{\sigma}/\sqrt{n} \tag{1-28}$$

因为实际测量中 $n$ 只能是有限值，所以有时就将 $\hat{\sigma}$ 和 $\hat{\sigma}_{\bar{x}}$ 叫做测量值的标准差和测量平均值的标准差，从而将式（1-25）和式（1-28）直接写成：

$$\sigma = \sqrt{\frac{1}{n-1}\sum_{i=1}^{n} v_i^2} \tag{1-29}$$

$$\sigma_{\bar{x}} = \sigma/\sqrt{n} \tag{1-30}$$

**三、有限次测量下测量结果的表达**

由于实际上只可能做到有限次等精度测量，因而分别用式（1-29）和式（1-30）来计算测得值的标准差和算术平均值的标准差。实际上是两种标准差的最佳估计值。由式（1-30）可以看到，算术平均值的标准差随测量次数 $n$ 的增大而减小，但减小速度要比 $n$ 的增长慢得多，即仅靠单纯增加测量次数来减小标准差收益不大，因而实际测量中 $n$ 的取值并不很大，一般在 10～20 之间。

对于精密测量，常需要进行多次等精度测量，在基本消除系统误差并从测量结果中剔除坏值后，测量结果的处理可按下述步骤进行：

（1）列出测量数据表；

（2）计算算术平均值 $\bar{x}$，残差 $v_i$ 及 $v_i{}^2$；

（3）计算 $\delta$ 和 $\delta_{\bar{x}}$；

（4）给出最终测量结果表达式：

$$x = \bar{x} \pm 3\delta_{\bar{x}}$$

## 第四节　系统的误差分析

系统误差的主要特点是只要在测量条件保持不变的情况下，误差就是一个确定的数值，而一般的方法也不能消除系统误差。本节内容将重点介绍系统误差的特性，判断系统误差的方法以及消除或削弱系统误差的一些测量方法。

**一、系统误差的特性**

排除了粗大误差后，测量误差等于系统误差 $\delta_i$ 与随机误差 $\varepsilon_i$ 的代数和，即：

$$\Delta x_i = \varepsilon_i + \delta_i = x_i - A \tag{1-31}$$

假设进行 $n$ 次等精度测量，且系统误差为恒值，即 $\varepsilon_i = \varepsilon$，则 $n$ 次测量误差的算数平均值为：

$$\frac{1}{n}\sum_{i=1}^{n}\Delta x_i = \bar{x} - A = \varepsilon + \frac{1}{n}\sum_{i=1}^{n}\delta_i \tag{1-32}$$

当 $n$ 足够大时，由于随机误差的抵偿性，$\delta_i$ 的算术平均值趋于零，于是由上式得：

$$\varepsilon = \overline{x} - A = \frac{1}{n}\sum_{i=1}^{n}\delta_i \tag{1-33}$$

可见当测量次数足够多时，系统误差的大小等于测量误差的算术平均值。系统误差的这一特性决定了其很难消除，而测量结果的准确度是与其密不可分的。因此，发现系统误差且减弱其对测量结果的影响是十分必要的。

**二、系统误差的判断**

在测量过程中形成系统误差的原因是复杂的，通常人们难于查明所有的系统误差，即使对系统误差进行修正，也不可能全部消除系统误差的影响。但是，人们在实际测量的工作过程中，经过不断的探索与总结，还是有一些发现系统误差的行之有效的方法。

1. 实验对比法

实验对比法是通过改变产生系统误差的条件，进行其他条件下的测量，以发现系统误差的方法。这种方法适用于发现定值系统误差。

当缺少标准器具的检定手段时，可以考虑选择几个实验室之间进行比对测试，在严格执行比对测试规范的基础上，对测试数据进行汇总和统计分析，得出一些说明实验室之间测试结果是否有显著差异的结论。

在计量工作中，常用标准器具或标准物质作为检定工具，来检定某测量器具的标称值或测量值中是否含有显著的系统误差。标准器具所提供的标准量值的准确度应该比被检定测量器具的标称值要高出 1～2 个等级或至少高几倍以上。

2. 残差观察法

残差观察法是根据测量列各个残差大小和符号的变化规律，直接由误差数据列表或误差曲线图形来判断有无系统误差。这种方法主要适用于发现有规律变化的系统误差。

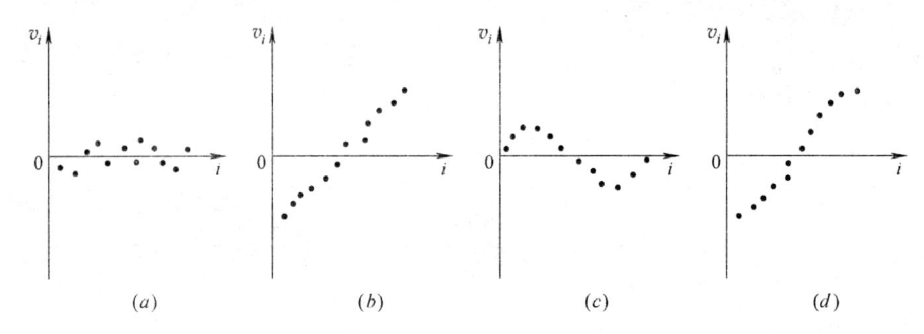


图 1-3　系统误差的判断

图 1-3（$a$）说明各残差大体正负相间，无显著变化规律，故认为不存在系统误差。图 1-3（$b$）的残差数值有规律地递增，且在测量开始与结束时误差符号相反，则说明存在线性递增的系统误差。图 1-3（$c$）的残差符号由正变负，再由负变正，循环交替地变化，则说明存在周期性系统误差。图 1-3（$d$）的残差值变化既有线性递增又有周期性变化，则说明存在复杂规律的系统误差。

**三、消除系统误差产生的根源**

产生系统误差的原因有很多，如果能找出其产生的根源并且尽量消除的话将会对测量结果产生很大的影响。对于控制其根源需要注意以下几点：

（1）选择正确的测量仪表的类型，避免由于仪器本身的缺陷或没有按规定条件使用仪器而造成的系统误差。同时，要避免声、光、电磁环境对测量产生影响。

（2）由于测量所依据的理论公式本身的近似性，或实验条件不能达到理论公式所规定的要求，或者是实验方法本身不完善所带来的误差，需要选用正确的测量原理以及测量方法。

（3）观测者个人感官和运动器官的反应或习惯不同而产生的误差，它因人而异，并与观测者当时的精神状态有关。因此，需要提高测量者的测量技术和知识水平，并且改掉测量过程中的一些不良习惯。

（4）在数据处理过程中，有一些近似处理的情况，需要根据实际情况选择近似方法与近似程度。

（5）测量仪表也需要进行定期校核、校准，并且使用时需要严格进行调零，尽量使用数字显示类的仪表代替指针式的仪表。

**四、削弱系统误差的方法**

1. 采用修正值方法

对于消除定值系统误差，一般采用加修正值的方法。测量仪器检定书中的校正曲线、校正数据或者是校正公式，可以用于减小系统误差。

2. 从产生根源消除

用排除误差源的办法来消除系统误差是比较好的办法。这就要求测量者对所用标准装置、测量环境条件、测量方法等进行仔细分析、研究，尽可能找出产生系统误差的根源，进而采取措施。在前面的叙述当中已经介绍过一些注意事项，在此不作赘述。

3. 采用专门的方法

（1）交换法：在测量中将某些条件，如被测物的位置相互交换，使产生系统误差的原因对测量结果起相反作用，从而达到抵消系统误差的目的。

（2）替代法：替代法要求进行两次测量，第一次对被测量进行测量，达到平衡后，在不改变测量条件情况下，立即用一个已知标准值替代被测量。如果测量装置还能达到平衡，则被测量就等于已知标准值。如果不能达到平衡，调整测量装置使之平衡，这时可得到被测量与标准值的差值，即：被测量＝标准值－差值。

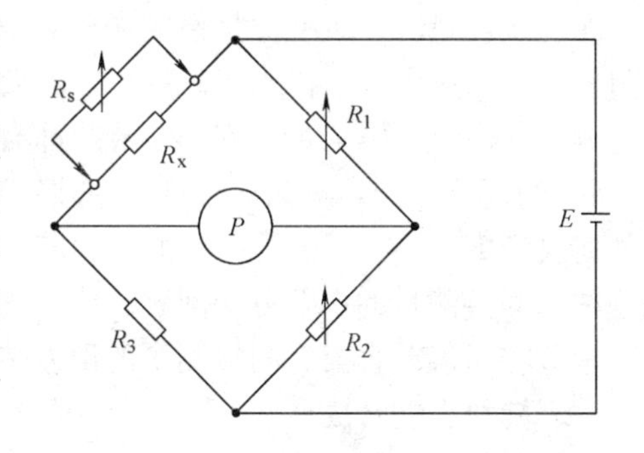

图 1-4　替代法测量电路

图 1-4 是替代法在精密电阻电桥测量当中的应用实例。首先调节电桥使之平衡，此时有：

$$R_x = R_1 R_3 / R_2 \tag{1-34}$$

由于 $R_1$、$R_2$、$R_3$ 都有误差，利用它们的标称值来计算 $R_x$，则 $R_x$ 也会产生误差，即：

$$R_x + \Delta R_x = (R_1 + \Delta R_1)(R_3 + \Delta R_3)/(R_2 + \Delta R_2) \tag{1-35}$$

结合式（1-34）、式（1-35）得到 $R_x$ 的相对误差，即：

$$\frac{\Delta R_x}{R_x} \approx \frac{\Delta R_1}{R_1} + \frac{\Delta R_3}{R_3} - \frac{\Delta R_2}{R_2} \tag{1-36}$$

为了消除上述误差，使用可变电阻 $R_s$代替 $R_x$，并保持 $R_1$、$R_2$、$R_3$都不变的情况下通过调节 $R_s$使电桥重新达到平衡，因而得到：

$$R_s+\Delta R_s=(R_1+\Delta R_1)(R_3+\Delta R_3)/(R_2+\Delta R_2) \tag{1-37}$$

对比式（1-35）和式（1-37）可得：

$$R_x+\Delta R_x=R_s+\Delta R_s \tag{1-38}$$

这样，测量误差 $\Delta R_x$只取决于标准电阻的误差 $\Delta R_s$，而与 $R_1$、$R_2$、$R_3$的误差无关。

（3）补偿法：补偿法要求进行两次测量，改变测量中某些条件，使两次测量结果的误差数值大小相等、符号相反，取这两次测量的算术平均值作为测量结果，从而抵消系统误差。

（4）对称测量法：即在对被测量进行测量的前后，对称地分别对同一已知量进行测量，将对已知量两次测得的平均值与被测量的测得值进行比较，便可得到消除线性系统误差的测量结果。

（5）半周期偶数测量法：对于周期性的系统误差，可以采用半周期偶数测量法，即每经过半个周期进行偶数次测量的方法来消除。

（6）组合测量法：由于按复杂规律变化的系统误差，不易分析，采用组合测量法可使系统误差以尽可能多的方式出现在测量结果中，从而将系统误差变为随机误差处理。

## 第五节　误差的合成、间接测量的误差传递与分配

实际测量中，误差的来源是多方面的，可能同时存在系统误差、随机误差和粗大误差。当粗大误差剔除后，影响测量准确度的是系统误差和随机误差。测量的准确度是用由多个不同类型的单项误差合成的总误差来度量的。

在间接测量时，直接测量值的误差会通过函数关系传递到间接测量值上。以电桥法测电阻为例［参见图 1-4 和式（1-34）］，若要测电阻 $R_x$，由式（1-34），$R_x=R_1\cdot R_3/R_2$，因此 $R_x$的误差与 $R_1$、$R_2$、$R_3$ 的误差都有关。这样就产生了两类问题：一是如果 $R_1$、$R_2$、$R_3$ 的误差已知，应如何计算 $R_x$的误差。二是如果要使 $R_x$的测量误差满足使用要求，应如何决定 $R_1$、$R_2$、$R_3$ 的误差上限。前一类问题称为间接测量的误差传递问题，后一类问题称为间接测量的误差分配问题。

本节将对误差合成、间接测量的误差传递及误差分配问题作简要介绍。

### 一、随机误差合成

若测量结果中有 $k$ 个彼此独立的随机误差，且各个误差的标准方差分别为 $\delta_1$、$\delta_2$、$\delta_3$、…，$\delta_k$，则 $k$ 个独立随机误差的综合效应是它们的方和根，即综合后误差的标准差 $\delta$ 为：

$$\delta=\sqrt{\sum_{i=1}^{k}\delta_i^2} \tag{1-39}$$

在计算综合误差时，经常用极限误差合成。只要测量次数足够多，可按正态分布来处理，极限误差 $l_i$为：

$$l_i=3\delta_i \tag{1-40}$$

合成的极限误差 $l$ 为：

$$l=\sqrt{\sum_{i=1}^{k}l_i^2} \tag{1-41}$$

若测量次数较少，用 $t$ 分布按给定的置信水平求极限误差更合适，可参见相关书籍。

**二、系统误差合成**

1. 确定的系统误差的合成

（1）代数合成法：已知各系统误差的分量 $\varepsilon_1$、$\varepsilon_2$、…，$\varepsilon_m$ 的大小及符号，可采用各分量的代数和求得总系统误差 $\varepsilon$，即：

$$\varepsilon=\varepsilon_1+\varepsilon_2+\cdots+\varepsilon_m=\sum_{j=1}^{m}\varepsilon_j \tag{1-42}$$

（2）绝对值合成法：在测量中只能估计出各系统误差分量 $\varepsilon_1$、$\varepsilon_2$、…，$\varepsilon_m$ 的数值大小，但不能确定其符号时，可采用各分量的绝对值之和求得总系统误差 $\varepsilon$。

$$\varepsilon=\pm(|\varepsilon_1|+|\varepsilon_2|+|\varepsilon_3|+\cdots+|\varepsilon_m|)=\sum_{j=1}^{m}|\varepsilon_j| \tag{1-43}$$

对于 $m>10$ 的情况，绝对值合成法对误差的估计往往偏大。

（3）方和根合成法

在测量中只能估计出各系统误差分量 $\varepsilon_1$、$\varepsilon_2$、…，$\varepsilon_m$ 的数值大小，但不能确定其符号，且测量中系统误差的分量比较多（$m>10$）时，各分量最大值同时出现的概率不大，它们之间可以相互抵消一部分。此时，如果仍按绝对值合成法计算总的系统误差 $\varepsilon$，显然对误差的估计偏大。此种情况可采用方和根合成法，即：

$$\varepsilon=\pm\sqrt{\varepsilon_1^2+\varepsilon_2^2+\varepsilon_3^2+\cdots+\varepsilon_m^2}=\pm\sqrt{\sum_{j=1}^{m}\varepsilon_j^2} \tag{1-44}$$

应当指出的是：当系统误差纯属于定值系统误差（大小及符号确定）时，可直接采用与定值系统误差大小相等、符号相反的量去修正测量结果，修正后此项误差就不存在了。

2. 不确定系统误差的合成

（1）各系统不确定度 $e_p$ 线性相加，得总的不确定度，即：

$$e=\pm\sum_{p=1}^{q}e_p \tag{1-45}$$

此方法比较安全，但误差估计偏大，特别是 $q$ 比较大时，更为突出。所以在 $q<10$ 时，才能应用此法。当 $q>10$ 时可用下面的两种方法。

（2）方和根合成法，即：

$$e=\pm\sqrt{\sum_{p=1}^{q}e_p^2} \tag{1-46}$$

（3）由系统不确定度 $e_{\mathrm{p}}$ 可算出标准差 $\delta_{\mathrm{p}}$，再取方和根合成，即：

$$\delta=\sqrt{\sum_{p=1}^{q}\delta_{\mathrm{p}}^2}=\sqrt{\sum_{p=1}^{q}(e_{\mathrm{p}}/k_{\mathrm{p}})^2} \tag{1-47}$$

式中　$k_{\mathrm{p}}$——置信系数。

在一般科学与工程领域不确定系统误差项 $q$ 很少超过 10，所以，对不确定系统误差采用线性相加法较为合适。

### 三、随机误差与系统误差的合成

在测量结果中，一般既有随机误差又有系统误差，其综合误差的合成过程如下：

设在测量结果中，有 $k$ 个独立的随机误差，用极限误差表示为：$l_1$、$l_2$、...，$l_k$，合成的极限误差为：

$$l=\sqrt{\sum_{i=1}^{k} l_i^2} \tag{1-48}$$

设在测量结果中，有 $m$ 个确定的系统误差，其值分别为 $\varepsilon_1$、$\varepsilon_2$、…，$\varepsilon_m$，合成的系统误差为：

$$\varepsilon=\sum_{j=1}^{m}\varepsilon_j \tag{1-49}$$

设在测量结果中，还有 $q$ 个不确定的系统误差，其合成的不确定度为：

$$e=\pm\sum_{p=1}^{q} e_p \tag{1-50}$$

则测量结果的综合误差为：

$$\Delta=\varepsilon\pm[e+l] \tag{1-51}$$

上式给出了随机误差和系统误差的合成的一般表达形式，在使用时应结合具体问题灵活应用。

### 四、间接测量的误差传递

进行间接测量时，如测量通过某一平板的热流量 $Q$，首先需测得平板面积 $A$ 和平板前后的温度 $t_1$、$t_2$，然后根据公式 $Q=hA(t_2-t_2)$ 计算出 $Q$。式中 $A$，$t_1$，$t_2$ 为直接测量量，$Q$ 为间接测量量。求解误差传递的问题就是在已知每一项直接测量误差的情况下，求得间接测量的误差。

1. 设直接测量量为 $x_1$，$x_2$，……，$x_n$，间接测量量为 $y$，满足函数关系

$$y=f(x_1,x_2,\cdots\cdots,x_n) \tag{1-52}$$

并设各 $x_i$ 间彼此独立，$x_i$ 绝对误差为 $\Delta x_i$，$y$ 的绝对误差为 $\Delta y$，则有：

$$y+\Delta y=f(x_1+\Delta x_1,x_2+\Delta x_2,\cdots\cdots,x_n+\Delta x_n) \tag{1-53}$$

写出上式的泰勒展开式为：

$$y+\Delta y=f(x_1,x_2,\cdots\cdots,x_n)+\frac{\partial f}{\partial x_1}\Delta x_1+\frac{\partial f}{\partial x_2}\Delta x_2+\cdots+\frac{\partial f}{\partial x_n}\Delta x_n$$
$$+\frac{1}{2}\frac{\partial^2 f}{\partial x_1^2}(\Delta x_1)^2+\frac{1}{2}\frac{\partial^2 f}{\partial x_2^2}(\Delta x_2)^2+\cdots+\frac{1}{2}\frac{\partial^2 f}{\partial x_n^2}(\Delta x_n)^2+\cdots$$

略去上式右边的高阶项，得：

$$y+\Delta y\approx y+\frac{\partial f}{\partial x_1}\Delta x_1+\frac{\partial f}{\partial x_2}\Delta x_2+\cdots+\frac{\partial y}{\partial x_n}\Delta x_n$$

因此

$$\Delta y\approx\frac{\partial f}{\partial x_1}\Delta x_1+\frac{\partial f}{\partial x_2}\Delta x_2+\cdots+\frac{\partial f}{\partial x_n}\Delta x_n=\Sigma_{i=1}^{n}\frac{\partial f}{\partial x_i}\Delta x_i=\Sigma_{i=1}^{n}\frac{\partial y}{\partial x_i}\Delta x_i \tag{1-54}$$

用相对误差的形式表示总的合成误差为：

$$\gamma_y=\frac{\Delta y}{y}=\frac{\partial y}{\partial x_1}\cdot\frac{\Delta x_1}{y}+\frac{\partial y}{\partial x_2}\cdot\frac{\Delta x_2}{y}+\cdots+\frac{\partial y}{\partial x_n}\cdot\frac{\Delta x_n}{y}=\Sigma_{i=1}^{n}\frac{\partial y}{\partial x_i}\cdot\frac{\Delta x_i}{y} \tag{1-55}$$

式（1-54）和式（1-55）为间接测量误差传递公式，可用作标准误差的传递公式，其中式（1-54）称为绝对误差传递公式，式（1-55）称为相对误差传递公式。如果对各直接测量量仅做一次测量，则可直接使用上述两式计算间接测量量的测量误差。

2. 常用函数的误差传递

（1）和差函数的误差传递

设函数关系式为：

$$y = x_1 \pm x_2$$

$$y + \Delta y = (x_1 + \Delta x_1) \pm (x_2 + \Delta x_2)$$

将上两式相减得：

$$\Delta y = \Delta x_1 \pm \Delta x_2 \tag{1-56}$$

若 $\Delta x_1$，$\Delta x_2$ 符号不能确定，有：

$$\Delta y = \pm(|\Delta x_1| \pm |\Delta x_2|) \tag{1-57}$$

同样可得到相对误差为：

$$\gamma_y = \frac{\Delta y}{y} = \frac{\Delta x_1 \pm \Delta x_2}{x_1 \pm x_2} \tag{1-58}$$

或者写成：

$$\gamma_y = \frac{\Delta x_1 \cdot x_1}{(x_1 \pm x_2)x_1} \pm \frac{\Delta x_2 \cdot x_2}{(x_1 \pm x_2)x_2} = \frac{x_1}{(x_1 \pm x_2)}\gamma_{x_1} \pm \frac{x_2}{(x_1 \pm x_2)}\gamma_{x_2} \tag{1-59}$$

对于和函数，由上式可得：

$$\gamma_y = \pm\left(\frac{x_1}{x_1 + x_2}|\gamma_{x_1}| + \frac{x_2}{x_1 + x_2}|\gamma_{x_2}|\right) \tag{1-60}$$

对于差函数，有：

$$\gamma_y = \pm\left(\frac{x_1}{x_1 - x_2}|\gamma_{x_2}| - \frac{x_2}{x_1 - x_2}|\gamma_{x_2}|\right) \tag{1-61}$$

由式（1-61）可见，对于差函数，若直接测量量 $x_1$，$x_2$ 的值比较接近，可能造成较大的误差。

（2）积函数的误差传递

设积函数 $y = x_1 \cdot x_2$，则有绝对误差

$$\Delta y = \frac{\partial(x_1 \cdot x_2)}{\partial x_1} \cdot \Delta x_1 + \frac{\partial(x_1 \cdot x_2)}{\partial x_2} \cdot \Delta x_2 = x_2 \cdot \Delta x_1 + x_1 \cdot \Delta x_2 \tag{1-62}$$

相对误差为：

$$\gamma_y = \frac{\Delta y}{y} = \frac{x_2 \cdot \Delta x_1 + x_1 \cdot \Delta x_2}{x_1 \cdot x_2} = \frac{\Delta x_1}{x_1} + \frac{\Delta x_2}{x_2} = \gamma_{x_1} + \gamma_{x_2} \tag{1-63}$$

若 $\gamma_{x1}$，$\gamma_{x2}$ 都有正负号，则有：

$$\gamma_y = \pm(|\gamma_{x_1}| + |\gamma_{x_2}|) \tag{1-64}$$

（3）商函数的误差传递

设商函数 $y = x_1/x_2$，且 $x_1$，$x_2$，绝对误差分别为 $\Delta x_1$，$\Delta x_2$，则商函数的绝对误差为：

$$\Delta y = \frac{\partial\left(\frac{x_1}{x_2}\right)}{\partial x_1} \cdot \Delta x_1 + \frac{\partial\left(\frac{x_1}{x_2}\right)}{\partial x_2} \cdot \Delta x_2 = \frac{1}{x_2} \cdot \Delta x_1 + \left(-\frac{x_1}{x_2^2}\right) \cdot \Delta x_2 \tag{1-65}$$

相对误差为：

$$\gamma_y=\frac{\Delta y}{y}=\frac{\Delta x_1}{x_1}-\frac{\Delta x_2}{x_2}=\gamma_{x_1}-\gamma_{x_2} \tag{1-66}$$

若 $\gamma_{x_1}$，$\gamma_{x_2}$ 都有正负号，则有：

$$\gamma_y=\pm(|\gamma_{x_1}|-|\gamma_{x_2}|)$$

（4）幂函数的误差传递

设幂函数 $y=kx_1^m x_2^n$，$k$，$m$，$n$ 为常数，将积函数的合成误差略加推广得：

$$\gamma_y=m\gamma_{x_1}-n\gamma_{x_2} \tag{1-67}$$

若 $\gamma_{x_1}$，$\gamma_{x_2}$ 都有正负号，则有：

$$\gamma_y=\pm(|m\gamma_{x_1}|+|n\gamma_{x_2}|) \tag{1-68}$$

**五、间接测量的误差分配**

误差分配是在已知要求的总误差的前提下，合理分配各误差分量的问题。当规定了间接测量结果的误差不能超过某一规定值时，可利用误差传递公式求出各直接测量量的误差允许值，从而满足间接测量量误差的要求。同时，可根据直接测量量允许误差的大小来选择合适的测量仪表。

设间接测量量 $y$ 与各直接测量量 $x_1$、$x_2$、…，$x_n$之间有如下关系：

$$y=f(x_1,x_2,\cdots,x_n) \tag{1-69}$$

根据标准误差的传递公式，间接测量量的标准误差为：

$$\hat{\delta}_y=\sqrt{\left(\frac{\partial f}{\partial x_1}\right)^2\hat{\delta}_{x_1}^2+\left(\frac{\partial f}{\partial x_1}\right)^2\hat{\delta}_{x_2}^2+\cdots+\left(\frac{\partial f}{\partial x_1}\right)^2\hat{\delta}_{x_n}^2} \tag{1-70}$$

现假设 $\hat{\delta}_y$ 已给定，要求确定 $\hat{\delta}_{x_1}$，$\hat{\delta}_{x_2}$，...，$\hat{\delta}_{x_n}$。

显然，上述方程的解是不确定的。下面介绍按等作用原则分配误差的方法。

等作用原则认为，各个局部误差对总误差的影响相等，也就是可将总允许误差平均分配给各分项误差。令

$$\frac{\partial f}{\partial x_1}\hat{\delta}_{x_1}=\frac{\partial f}{\partial x_2}\hat{\delta}_{x_2}=\cdots=\frac{\partial f}{\partial x_n}\hat{\delta}_{x_n}$$

从而

$$\hat{\delta}_y=\sqrt{n}\left(\frac{\partial f}{\partial x_i}\right)\hat{\delta}_{x_i}\quad(i=1,2,\cdots,n)$$

$$\hat{\delta}_{x_i}=\frac{1}{\partial f/\partial x_i}\cdot\frac{\hat{\delta}_y}{\sqrt{n}} \tag{1-71}$$

上式还可以用极限误差表示：

$$l_{x_i}=\frac{1}{\partial f/\partial x_i}\cdot\frac{l_y}{\sqrt{n}} \tag{1-72}$$

式中 $l_{x_i}$——各分项误差的极限误差；

$l_y$——给定的总误差的极限误差。

如果各个直接测量量的误差满足式（1-71）或式（1-72），则所得的间接误差不会超过允许误差的给定值。

按等作用原理分配误差可能会出现不合理情况，这是因为计算出来的各个局部误差都

相等，对于其中有的测量量要保证它的测量误差不超过允许范围是比较容易实现的，而对于其中另外的测量量由于要求的测量误差太小，势必要采用昂贵的高准确度仪表，或者技术上很难实现。

由 $\hat{\delta}_{x_i}=\frac{1}{\partial f/\partial x_i}\cdot\frac{\hat{\delta}_y}{\sqrt{n}}$可见，各局部误差一定时，各个测量量的误差并不相等，有时可能相差很大。因此，按等作用原理分配的误差，必须根据具体情况进行适当的调整。对于测量中难以保证的误差项适当扩大允许的误差值，对于测量中容易保证的误差项则尽可能减小误差值。

# 第二章　温度及热流量测量

## 第一节　温度测量的基本概念

温度测量在科学研究与工业生产中有着极为重要的地位。温度是国际单位制中七个基本物理量之一，温度测量的准确性取决于温度测量仪表和测试方法的选择，若选择不当，就难以得到满意的测量结果。

**一、温度与温标的概念**

1. 温度

温度常用于描述物体的冷热程度，其高低可以由人体的器官定性地感觉出来，如感觉某物体很热，称此物体温度较高。从能量的角度来看，温度是描述不同自由度间能量分布状况的物理量；从热平衡的角度来看，温度是描述热平衡系统冷热程度的物理量，它标志着系统内部分子无规则运动的剧烈程度，温度高的物体其分子平均动能大，温度低的物体其分子平均动能小。

为了得到物体的温度高低情况，需借助于某种物质的某种特性随温度变化的规律，如某些气体和液体体积热胀冷缩的性质。因此产生了多种多样的温度计。常用且比较理想的用于测量物体温度的物质及其相应的物理性质还有：气体、液体的压力，金属或合金的电阻，热电偶的热电动势和物体的热辐射等。

2. 温标

用于衡量温度的标准尺度，简称温标。温标是为了保证温度量值的统一性和准确性而建立的。温标就是温度的数值表示方法，各种温度计的数值都是由温标决定的，即温度计在使用前必须要先进行分度，或称标定。如一把尺子必须先在其上面按长度的标准尺度刻线，才能用来衡量长度。但温度计并不像尺子那样可以直接标定，它是利用某种物质在特定温度下对外表现出的特性在温度计上表现的刻度值作为固定点代表此温度，再利用该物质的这种特性和温度的函数关系来确定固定点中间的温度值，这个函数关系称为内插函数。通常把温度计、固定点和内插函数叫做温标的三要素。

3. 国际温标

国际温标是国际上经协商建立的一种与热力学温度接近、且复现精度高、使用方便的温标。我国从 1994 年起开始全面实行 1990 年国际温标（简称 ITS-90）。ITS-90 中的热力学温度用“$T$”表示，单位为“K”，这与 ITS-90 之前的温标相同，为了加以区别，用“$T_{90}$”代表该国际温标的热力学温度，其单位仍为“K”。ITS-90 同时定义了国际摄氏温度，记为“$t_{90}$”，单位为“℃”，其与 $T_{90}$ 的关系在数值上为 $t_{90}= T_{90}-273.15$ 。

**二、温度的测量方法简介**

根据温度测量仪表感温元件是否要与被测物体达到热平衡，可将测温方法分为接触式与非接触式两类。

1. 接触式测温方法

当温度测量仪表的感温元件与被测物体充分接触时，经过足够长的时间，感温元件与物体达到热平衡，此时两者温度相等，测量仪表对感温元件传来的信号进行一定处理便可得到此温度，这种测温方法称为接触式测温方法。常用的接触式测温仪表有热膨胀式温度计、热电阻温度计和热电偶温度计等。

接触式测温方法的优点为：温度测量仪表的感温元件与被测物体充分接触，两者达到热平衡，感温元件便可对被测物体的温度进行极好的复制，因此测量的准确度较高。但此方法在测量时，感温元件与被测物体接触，在一定程度上会破坏被测物体的温度分布，且需保证感温元件在测量时不因接触而损坏。因此，接触式测温方法对感温元件的材料、结构要求较高，且会存在一定的导热误差、辐射误差等。

2. 非接触式测温方法

非接触式测温方法的原理是利用物体热辐射能力与温度的函数关系，通过感应被测物体的热辐射来得到温度。与接触式测温方法相比，非接触式测温时测量仪表无需与被测物体接触，不会破坏温度分布，热惯性小，原理上可以测量的温度无上限，通常用于测量处于运动状态或温度变化迅速的高温物体温度。常用的非接触式测温仪表有光学温度计、辐射温度计和比色温度计等。

非接触式测温方法通常用于测量物体的表面温度，因此会受到被测介质表面状态和测量介质物性参数的影响。

## 第二节　膨胀式温度计

膨胀式温度计是一种比较传统的温度测量工具，主要是利用物质的热胀冷缩原理，即利用物质的体积或几何形状与温度的关系进行温度测量。膨胀式温度计包括液体膨胀式温度计、固体膨胀式温度计和压力式温度计。

### 一、液体膨胀式温度计

玻璃管式温度计是最常见的液体膨胀式温度计（见图 2-1），主要由液体储存器、毛细管和标尺组成。用途不同，测温范围不同，其玻璃管内填充的液体介质也不同。测温上限一般不超过 1000℃。下面将主要介绍此类液体温度计。

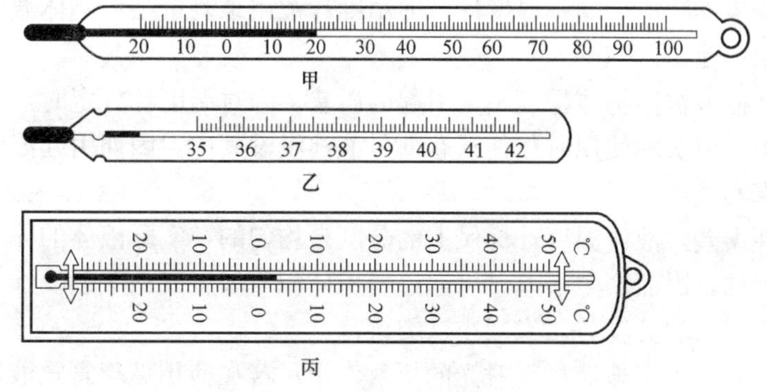


图 2-1　玻璃管温度计

1. 玻璃管式液体温度计测温原理

玻璃管式液体温度计是利用液体随温度升高体积增大的原理进行温度测量的。

膨胀系数是用来表示物质的体积随温度变化关系的系数，玻璃管式温度计中液体介质的膨胀系数远比玻璃的膨胀系数大，因此当温度变化时，玻璃管式温度计内液体的体积变化量要比温度计玻璃管体积变化量大得多，进而表现为毛细管里液柱高度的变化，并将此时液体的温度值通过标尺指示出来。玻璃管式液体温度计的测温范围与所使用的液体种类有关。几种常使用的液体及其对应的测温范围可见表 2-1。

**玻璃管式液体温度计常用液体材料及其测温范围** **表 2-1**

| 温度计内液体 | 测温范围(℃) |
|---|---|
| 水银 | −30～750 |
| 乙醇 | −100～75 |
| 石油醚 | −130～25 |
| 戊烷 | −200～20 |
| 甲苯 | −90～100 |

2. 玻璃管式液体温度计的主要特点

玻璃管式液体温度计是应用最广泛的温度计，如室温温度计、体温温度计等，其优点主要是结构简单、使用方便、准确度高、价格低廉、读数直观。但因其测温有延迟、易碎、无法自动记录、不能远程传播温度信号，在测温精度要求较高、温度变化较快的测量场合不适合使用。

玻璃管式液体温度计按其用途分为标准温度计、实验室用温度计、工业用温度计和电接点温度计。

3. 玻璃管式液体温度计测温误差分析

由于玻璃管式液体温度计的结构、材料和测温原理等并不是完全理想的，使用此种温度计测温时的误差可分为以下几类：

（1）热滞后性产生的误差。根据玻璃管式液体温度计的测温原理，测温时温度计的液体存储器与被测物体达到热平衡须经过一段时间，且玻璃材料有较大的热滞后性，故当温度计被用来测量一物体温度后，其内部液体体积不能立即恢复到初始体积，此时如果没有足够的时间间隔就用于测量其他物体温度，就会产生零点漂移测量误差。为了减小此种误差，测量时应避免连续使用同一温度计，即温度计被用来测量某一物体温度时，应待其恢复到起始时体积再使用。

（2）温度计插入被测物体深度不足引起的误差。因对温度计标定时，其全部液柱都浸没于被测介质中，但实际使用时往往只有部分液柱浸没其中，因而引起温度计的指示值偏离被测介质的真实值。

（3）非线性误差。液体温度计标尺上的分度是均匀的，实际液体的体积随温度的变化并非完全是线性的，因而产生误差。可通过使用体积与温度变化关系线性化更好的液体或者改进温度计标尺上的分度方法来减小这类误差。

（4）读数误差。由于玻璃材料对光的折射作用，若在使用玻璃管式液体温度计测温时目光未垂直于标尺读数，便会产生读数误差。此外，使用玻璃管式温度计测温时切不可用手摸标尺或将温度计取出测孔，否则也会造成读数误差。

**二、固体膨胀式温度计**

固体膨胀式温度计有杆式和双金属片式两种（见图 2-2）。此类温度计是利用至少两种线膨胀系数不同的材料制成，其结构简单、可靠性高，但精度较低，常用作自动控制装置。

1. 杆式固体温度计

由黄铜制成的网筒作感温元件（测温筒），筒内放置一根线膨胀系数很小的材料（石英、玻璃、因钢等）作传温元件，与温度计用机械机构连接。测量时，测温筒受热伸长，筒内的圆棒通过机械机构带动指针偏转，指示出温度的数位。杆式温度计由于精度低、体积大，现多用双金属膨胀式感温元件温度计代替它。

2. 双金属片式固体温度计

双金属片式温度计的感温元件是线膨胀系数相差较大的两种金属薄片接合在一起而制成，一端固定，另一端为自由端，自由端连接表盘指针的转动机构，当温度发生变化时，两种材料长度变化量不同，使得双金属片曲率发生变化，自由端位移通过指针表现出来，达到测温的目的。

**三、压力式温度计**

密闭容器内的气体或液体温度与其压力具有一定函数关系，温度升高其压力也相应增大，压力式温度计便是基于此原理设计的（见图 2-3）。该种温度计结构简单、可靠性高，但动态性差，无法测量变化较快的温度。

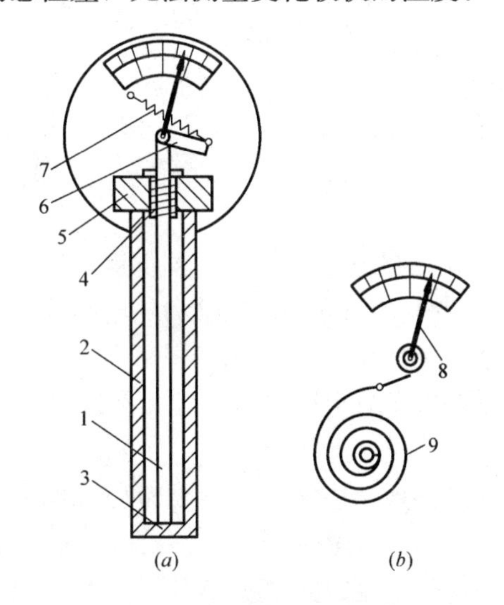


图 2-2　固体膨胀式温度计

(a) 杆式；(b) 双金属式

1—芯杆；2—外套；3—顶端；4—弹簧；5—基座；6—杠杆；7—拉簧；8—指针；9—螺旋式双金属片

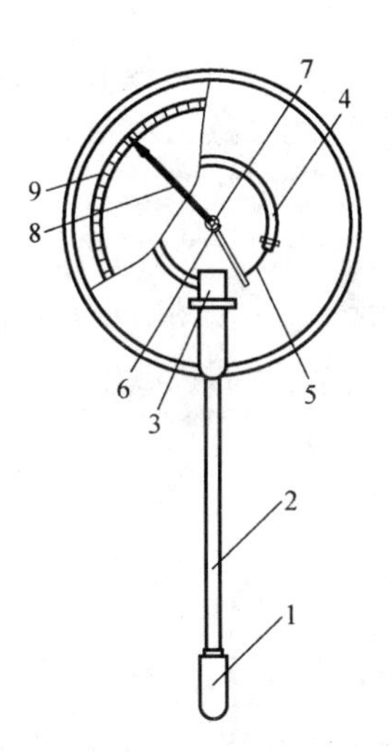


图 2-3　压力式温度计

1—温包；2—毛细管；3—基座；4—弹簧管；5—拉杆；6—扇齿轮；7—柱齿轮；8—指针；9—刻度盘

## 第三节　热电偶温度计

热电偶是将被测介质的温度信号转换为电信号并进行测量的测温元件。热电偶温度计是根据热电偶产生的电信号大小，在仪表上显示出被测介质温度的温度计。这种温度计测温范围大，且可远程实时监控被测介质的温度。

**一、热电偶的工作原理**

1. 接触电动势

接触电动势又称珀尔帖电动势。不同的导体其自由电子密度不同，自由电子密度分别为 $N_A$、$N_B$ 的两种导体 A、B 接触时，假设 $N_A<N_B$，在接触点处由于存在电子密度梯度，自由电子会在导体 A、B 之间扩散，由于 $N_A<N_B$，故单位时间内由 A 扩散到 B 的电子数小于从 B 扩散到 A 的电子数，随着扩散的进行，A、B 接触处会产生持续增大的电位差，阻碍电子从 B 扩散到 A。经过一段时间，当电位差足够大时，电子扩散将达到动态平衡，此时电位差稳定，并称这时接触处的电动势为接触电动势。

接触电动势的大小不仅跟导体材料的性质有关，还与接触处的温度有关，温度越高，A、B 材料的自由电子密度比值越大，接触电动势就越大。用符号 $E_{AB}(T)$ 表示 $T$ 温度下 A、B 两种导体的接触电动势。

2. 温差电动势

当导体的两端处于不同温度时，导体内部就会产生温差电动势，温差电动势又称为汤姆逊电动势。温度越高，电子能量越大，导体内部的温度梯度会导致内部电子的能量分布梯度，使自由电子从高温区流向低温区，进而高温区电位升高，高、低温区之间形成阻碍自由电子流动的电位差，直到导体内部建立新的能量平衡，此时导体高、低温区的电位差称为温差电动势。

同种导体温差电动势的大小与导体两端的温差有关，同温差下，不同导体的温度电动势大小不同。用 $T_1$、$T_2$ 表示导体两端的温度，$E_A(T_2, T_1)$、$E_B(T_2, T_1)$ 表示导体 A、B 在两端温度为 $T_1$、$T_2$ 温度下（$T_1<T_2$）的温差电动势。

3. 闭合环路的热电动势

若导体 A、B 按图 2-4 方式连接成闭合环路，两端的连接处处于不同温度，此时环路中存在导体 A、B 的接触电动势和温差电动势，两者叠加所得的电势就为热电动势。

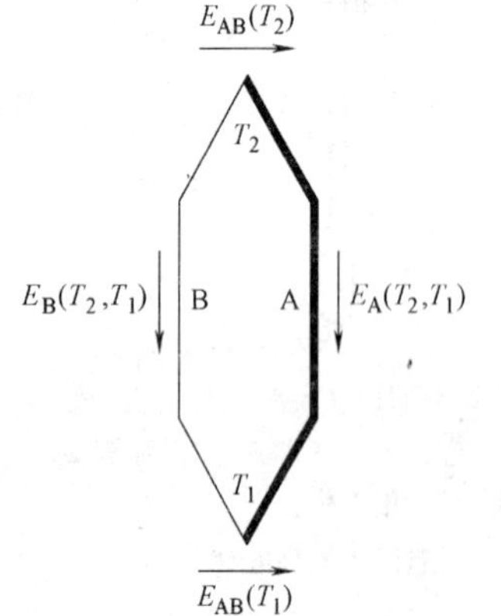

图 2-4　热电偶闭合回路总电势

于是可得环路热电动势的大小应为：

$$E_{AB}(T_2,T_1)=E_{AB}(T_2)+E_A(T_2,T_1)-E_{AB}(T_1)-E_B(T_2,T_1) \tag{2-1}$$

由上式可知，热电动势的大小只与组成环路的两种导体 A、B 的性质和两端连接处的温度 $T_1$、$T_2$ 有关，故当组成热电偶的两种导体确定时，热电动势的大小只与两端温度有关，也就是热电动势的值为 $T_2$、$T_1$ 的某个函数的差值，即：

$$E_{AB}(T_2,T_1)=f(T_2)-f(T_1) \tag{2-2}$$

所以，当热电偶冷端温度 $T_1$ 确定时，热电动势就是 $T_2$ 单值函数，即：

$$E_{AB}(T_2,T_1)=f(T_2)-C \tag{2-3}$$

上式中 $C=f(T_1)$，根据热电偶的这一特性，理论上已知热电偶冷端温度，便可根据热电势的大小得到热端温度，这也正是热电偶温度计的工作原理。

实际上，热电动势的大小与热端温度的函数关系难以准确得到，通常是通过实验数据将热电动势 $E_{AB}$（$T_2$，$T_1$）与温度 $T_2$ 的关系绘制成曲线或者表格，也就得到了热电偶的分度表，以便实际使用。

4. 热电偶中间导体定则

中间导体定则是指，在热电偶环路中接入第三种导体，若第三种导体接入端的温度相同，则热电偶热电动势不变，且

$$E_{BC}(T_1)+E_{CA}(T_1)=-E_{AB}(T_1) \tag{2-4}$$

所以

$$\begin{aligned}E_{ABC}(T_2,T_1)&=E_{AB}(T_2)+E_A(T_2,T_1)+E_{BC}(T_1)+E_{CA}(T_1)-E_B(T_2,T_1)\\&=E_{AB}(T_2)+E_A(T_2,T_1)-E_{AB}(T_1)-E_B(T_2,T_1)\\&=E_{AB}(T_2,T_1)\end{aligned} \tag{2-5}$$

同理，可在热电偶中接入多种导体，故可以在热电偶中接入仪表、廉价导线等，可以实现温度的远程监控。

**二、热电偶的组成构件与分类**

1. 热电偶的组成构件

一个完整的可实际使用的热电偶的组成构件多种多样，热电偶主要组成构件是由热电极、绝缘物和保护套管（见图 2-5）。

（1）热电极

理论上，任何两种不同导体均可作为热电极的材料，但实际使用中，必须对热电极材料的选取作一定要求：

1）在使用温度内，产生的热电势大小要足够被较精确地测量。这与材料的热电性和电阻大小有关。

2）热电偶在使用温度范围内的物理、化学、热电性等性质稳定。

3）制造成本合理。

但实际上很难找到完全满足上述条件的材料。常用的材料一般可分为贵金属（金、银、铂等）和廉价金属（铜、铁、镍、铬等）。廉价金属热电极灵敏度高，但与贵金属相比，其抗氧化性和耐腐蚀性较低，高温稳定性差，寿命较短。

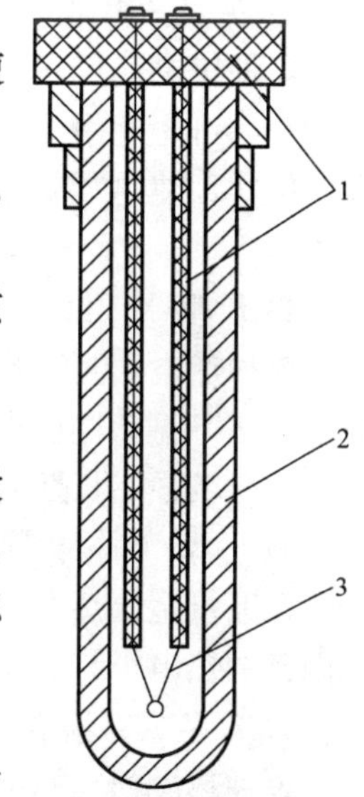

图 2-5　热电偶结构图
1—绝缘物；2—保护套管；3—热电极

（2）保护套管

保护套管的目的是使热电极不与被测介质直接接触，它可以防止热电极被腐蚀、玷污和损伤，也起到固定和支撑热电极，延长热电偶使用寿命的作用。保护套管的材料主要有金属、非金属和金属陶瓷三类。

（3）绝缘物

绝缘物的作用是为了防止热电偶环路与其他导体短路而产生测量误差。绝缘物一般包裹在除热测温端外的其他热电偶环路上，它要有一定的机械强度和耐高温性。

实际中常用的不同结构热电偶有普通工业热电偶、铠装热电偶、高性能实体热电偶等。

2. 热电偶的分类

热电偶按其推广程度可分为标准化热电偶和非标准化热电偶。

(1) 标准化热电偶

标准化热电偶是指生产工艺成熟、成批生产、性能优良并已列入工业标准文件中的热电偶。此类热电偶的应用最早得到推广和发展，它具有统一的分度表，可互换并有配套的仪表供使用。

我国现采用国际电工委员会推荐的七种标准化热电偶（见表 2-2）。

1) S 型（铂铑 10-铂）热电偶

在所有标准化热电偶中，S 型热电偶的准确度是最高的，且它的热电性能稳定，抗氧化性强，均质性和互换性好，长期使用温度为 1400℃，短期使用温度可达 1600℃，通常作为热电偶标准使用或用于高温测量。但它的缺点是造价昂贵，机械强度低，不适合用于还原性强的环境，且热电特性曲线非线性度大，热电势值相比其他型热电偶较小，需配备灵敏度较高的仪表。

2) R 型（铂铑 13-铂）热电偶

此型热电偶除热电势比 S 型热电偶稍大外，其他特性与 S 型热电偶基本相同。由于 R 型热电偶的综合性能与 S 型相当，难以推广，所以在我国只在进口设备上有所使用，不批量生产。

3) B 型（铂铑 30-铂铑 6）热电偶

该种热电偶是一种典型的高温热电偶，又称双铂铑热电偶。它的长期使用温度为 1600℃，可短期用于 1800℃的温度，且它的稳定性好，使用寿命比 R 型、S 型热电偶要高。但此种热电偶灵敏度较低，室温下热电势小，所以测量使用时一般也不采用补偿导线。

4) K 型（镍铬-镍硅或镍铬-镍铝）热电偶

该种热电偶测温范围宽，可达－200～1100℃，温度与热电势关系曲线线性度好，且热电势比 S 型热电偶大 4～5 倍，造价低，应用广泛。与其他廉价金属热电偶相比，它的抗氧化性较强，长期使用温度为 1000℃，短期使用温度为 1200℃。

5) T 型（铜-康铜）热电偶

在廉价金属热电偶中该种热电偶准确度最高，热电势较大，测温范围为－20～350℃。但因其铜热电极易氧化，在氧化气氛中使用温度一般不超过 300℃。

6) E 型（镍铬-康铜）热电偶

该种热电偶在标准型热电偶中灵敏度最高，在氧化或惰性气氛中使用温度范围可达－250～870℃，在 0℃以下使用性能较好。

7) J 型（铁-康铜）热电偶

这种热电偶造价低，灵敏度高，在氧化气氛中测温上限为 750℃，还原性气氛中可达 950℃，多用于化工业。但相比 T 型热电偶，该种热电偶准确性和稳定性较差，且很少用在 0℃温度以下。

(2) 非标准化热电偶

当标准化热电偶无法满足测温需求时，如测量超高温或深低温以及对精度要求较高的测量，这时可能就需要用到非标准化热电偶。这些热电偶的分度表没有标准化，主要用于特殊场合的温度测量。常用的非标准化热电偶有钨-铼系热电偶、钨-铱系热电偶等。

**我国标准化热电偶的特性　　表 2-2**

| 名称 | 分度号 | 测温范围(℃) | 等级 | 使用温度(℃) | 允许误差 |
|---|---|---|---|---|---|
| 铂铑 10-铂 | S | 0～1600 | Ⅰ | 0～1100 | ±1℃ |
| | | | | 1100～1600 | ±[1+($t$−1100)×0.003]℃ |
| | | | Ⅱ | 0～1600 | ±1.5℃ |
| | | | | 600～1600 | ±0.25%$t$ |
| 铂铑 13-铂 | R | 0～1600 | Ⅰ | 0～1600 | ±1℃或±[1+($t$−1100)×0.003]℃ |
| | | | Ⅱ | 0～1600 | ±1.5℃或±0.25%$t$ |
| 铂铑 30-铂铑 6 | B | 0～1800 | Ⅱ | 600～1700 | ±0.25%$t$ |
| | | | Ⅲ | 600～800 | ±4℃ |
| | | | | 800～1700 | ±0.5%$t$ |
| 镍铬-镍硅（镍铬-镍铝） | K | 0～1300 | Ⅰ | 0～400 | ±1.6℃ |
| | | | | 400～1100 | ±0.4%$t$ |
| | | | Ⅱ | 0～400 | ±3℃ |
| | | | | 400～1300 | ±0.75%$t$ |
| 铜-康铜 | T | −200～400 | Ⅰ | −40～350 | ±0.5℃或±0.4%$t$ |
| | | | Ⅱ | 40～350 | ±1℃或±0.75%$t$ |
| | | | Ⅲ | −200～40 | ±1℃或±1.5%$t$ |
| 镍铬-康铜 | E | −200～900 | Ⅰ | −40～800 | ±1.5℃或±0.4%$t$ |
| | | | Ⅱ | −40～900 | ±2.5℃或±0.75%$t$ |
| | | | Ⅲ | −200～40 | ±2.5℃或±1.5%$t$ |
| 铁-康铜 | J | −200～750 | Ⅰ | −40～750 | ±1.5℃或±0.4%$t$ |
| | | | Ⅱ | −40～750 | ±2.5℃或±0.75%$t$ |

注：$t$—被测物体的温度。

### 三、热电偶测温方法

热电偶一般做得较短，而实际使用中很多时候需要把热电偶的输出信号传送到较远的地方，这时就要用到补偿导线。由热电偶的工作原理可知，必须固定冷端温度才可测温，所以测温时补偿导线远端应放在恒温环境中。

1. 补偿导线

根据热电偶的中间导体定则，在热电偶环路中接入一条足够长的导线，不会影响热电动势，让热电偶信号远传得以实现。但如果用普通导线直接接入热电偶环路并把热电信号引入控制室，热电偶的冷端仍处在被测介质附近，温度会受热源影响而难以稳定，如果把热电极做的很长其成本又太高。解决这一问题常用的办法就是使用补偿导线。

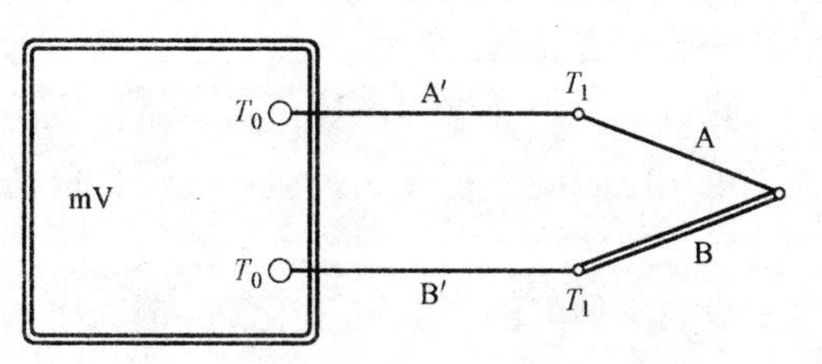

图 2-6　补偿导线连接的热电偶温度计

在大量的实验研究中人们找到了在一定温度范围内与所配热电偶热电特性相同的一

对较廉价导线，叫作补偿导线（见图 2-6）。补偿导线作为所配热电偶的延长线，此时补偿导线的远端成为热电偶的冷端，较易保持冷端恒温。不同的热电偶配用的补偿导线材料一般不同。

补偿导线按补偿距离可分为补偿型和延伸型两种。补偿型补偿导线的材质与所配用热电偶的热电极材料不同，它只在一定工作温度范围内与所配热电偶的热电特性一致。这类补偿导线价格便宜，但在较宽的工作温度范围内不能保持高精度，且接点处抗干扰能力较差。延伸型补偿导线的材质与所配热电偶的热电极化学成分相同，它可在较宽的工作温度范围内保持高精度，接点处的干扰可通过合适的绝缘材料来克服，但这类补偿导线价格较高。

2. 冷端温度补偿

热电偶环路中接入补偿导线虽可以保证冷端温度不受热源影响，但实际测温时温度监控处的温度未必恒定。针对此问题一般采取的解决办法有计算修正和加入补偿电桥。

（1）计算修正

热电偶分度表的数据是以冷端温度为 0℃制作的，测量时可用补偿导线把热电偶的冷端引到温度恒为 0℃的环境下。通常使用冰水混合物来提供 0℃的环境，但为保证测量结果满足精度要求，对水的纯度、冰块的大小和冰水的混合状态以及冷端的插入深度都有要求。然后根据测量热电势大小对应的分度表查得被测介质温度。

当实际测量中冷端温度为 $T_N$时，这时可通过计算修正来得到被测介质的温度。

假设被测介质温度为 $T$，根据热电偶中间温度定则，有：

$$E_{AB}(T,0)=E_{AB}(T,T_N)+E_{AB}(T_N,0) \tag{2-6}$$

利用分度表查出 $E_{AB}$（$T_N$，0）的值，$E_{AB}$（$T$，$T_N$）由测量得到，便可计算出热电势 $E_{AB}$（$T$，0）的大小，以此值查询分度表得到被测温度 $T$。

（2）加入补偿电桥

如果冷端温度不恒定，也可采用在热电偶环路中加入补偿电桥的方法来消除温度变化引起的测量偏差。补偿电桥的输出电压随冷端温度的变化而变化，通过合理配置电桥中电阻的大小，可使电桥的电压输出与热电偶的热电特性相匹配。

## 第四节　热电阻温度计

热电阻温度计是根据导体或半导体的电阻随温度变化而变化的性质为原理，广泛用于测量－200～850℃的温度范围的温度计。它的优点是输出信号大，灵敏度高，且准确度在所有常用温度计中最高，缺点是尺寸较大，因而响应时间长，不能测量太高的温度；需接外接电源；连接导线的电导率也会受环境温度的影响，产生测量误差。

### 一、测温原理

热电阻是用导体和半导体材料制作成的感温元件。导体或半导体的电阻特性与温度的关系可用电阻温度系数 $\alpha$ 表示，温度系数是指温度变化 1℃，导体或半导体电阻值的相对变化量，单位为 1/℃。

设当导体的温度由 $t_0$ 变化到 $t$ 时，电阻的大小由 $R_{t0}$变化到 $R_t$，则在 $t_0$～$t$ 的平均电阻温度系数可表示为：

$$\alpha=\frac{R_t-R_{t0}}{R_{t0}(t-t_0)}=\frac{\Delta R}{R_{t0}\Delta t} \tag{2-7}$$

若 $t=100$℃，$t_0=0$℃，则得 0～100℃温度范围内的平均电阻温度系数为：

$$\alpha_{100}=\frac{R_{100}-R_0}{100R_0} \tag{2-8}$$

式中　$R_0$——导体在 0℃下的电阻；

$R_{100}$——导体在 100℃下的电阻。

一般导体的温度越高，电阻值越大，此时电阻温度系数 $\alpha$ 为正值，为正的电阻系数，而半导体具有负的电阻温度系数。

不同材料的电阻温度系数也不相同。纯金属的电阻温度系数与该种金属的纯度有关，一般为 0.38%～0.68%，通常纯度越高，$\alpha$ 值越大。为表征热电阻材料的纯度，需引入电阻比的概念，用符号 $W$（$T$）表示，定义为：

$$W(T)=\frac{R_t}{R_{t0}} \tag{2-9}$$

$$R_t=R_{t0}[1+\alpha(t-t_0)] \tag{2-10}$$

由（2-9）和（2-10）得

$$W(T)=\frac{R_{t0}[1+\lambda(t-t_0)]}{R_{t0}}=1+\alpha(t-t_0) \tag{2-11}$$

由上式可以看出，$W$（$T$）也可以用来表征热电阻特性，它同 $\alpha$ 一样与材料的纯度有关，$W$（$T$）越大电阻丝的纯度越高。

热电阻的温度与电阻的关系曲线，不完全是线性的，实际使用热电阻温度计测温时可通过查图、查表或函数计算的方法得到电阻值与温度值的对应。因此，为得到被测物体的温度值，须得到热电阻在此温度下的电阻值，可采用的方法有平衡电桥法和非平衡电桥法等。

## 二、热电阻结构与常用热电阻

### 1. 热电阻结构

不同功用的热电阻结构也不尽相同，主要影响热电阻性能的构件有感温电阻丝、绝缘物、内引线和保护管，如图 2-7 所示。

（1）电阻丝

电阻丝是热电阻信号接收和传输的主体。选择电阻丝时应尽量满足以下条件：化学及物理性质稳定；工作范围内电阻与温度的关系曲线唯一，最好成线性；$\alpha$ 值足够大；可复制性好。纯铂丝能够满足上述所有要求。

（2）绝缘物

绝缘物主要起到避免外界导体对热电阻信号影响的作用。热电阻丝周围的绝缘物尤为重要，称为绝缘骨架。它不仅要能够支撑和固定热电阻丝，还应满足以下要求：比热小且导热系数大；电绝缘性好；热膨胀系数与热电阻丝的热膨胀系数接近；化学及物理性质稳定。常用绝缘骨架材料有云母、玻璃和陶瓷等。

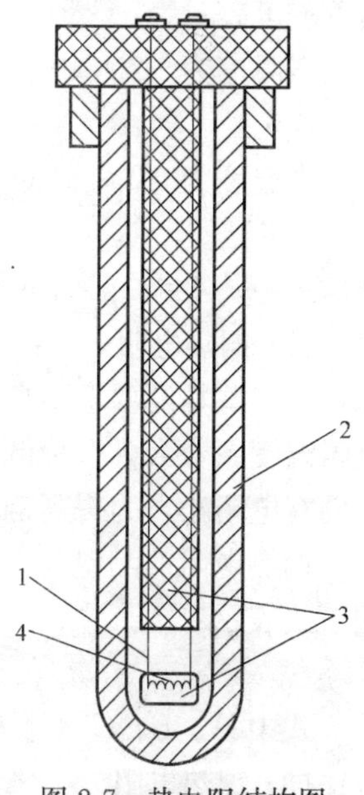


图 2-7　热电阻结构图
1—内引线；2—保护管；3—绝缘物；4—电阻丝

(3) 内引线

热电阻丝至热电阻接线端的导线称为内引线。由于热电阻保护管内温度梯度较大，要求内引线必须采用纯度高、不会产生热电势且高温下化学及物理性质稳定的导体。对工业铂热电阻上，中低温时采用银作引线，高温时用镍作引线；铜热电阻和镍热电阻一般就直接采用铜和镍分别作为引线。

(4) 保护管

热电阻保护管的作用与热电偶保护管的作用基本相同，都是主要起到保护内部感温元件的作用。保护管的材料要求热惰性及比热要尽量小，导热系数尽量大，且化学及物理性质稳定等条件。

(5) 铠装热电阻

铠装热电阻是将可使用弯曲绝缘骨架的感温元件装入不锈钢细管内，并用氧化镁将管内空隙填实，充分干燥后将端头密封并用模具拉成的坚实的整体。

与普通带保护管的热电阻相比，铠装热电阻尺寸小，套管内为实体，故响应速度快，抗振、可弯曲，使用方便。

2. 常用热电阻

热电阻的电阻丝材质可分为金属导体和半导体两类。常用的热电阻电阻丝材质一般为金属导体，目前工业上广泛使用的电阻丝材料有铂、铜和镍。

(1) 铂热电阻

铂热电阻性能稳定、重复性好、精度高，且抗振性强，电阻丝不易断裂，测温范围一般为－200～650℃。铂热电阻技术成熟，电阻丝阻值与温度的关系近似线性，可作标准热电阻使用，在工业上有广泛的应用。

设 $R_t$ 为铂热电阻 $t$℃下的电阻值，$R_0$ 为 0℃下的电阻值。铂热电阻阻值与温度的关系方程可表示为：

当温度为－200℃≤$t$≤0℃时

$$R_t = R_0[1 + At + Bt^2 + Ct^3(t - 100)] \tag{2-12}$$

当温度为 0℃≤$t$≤650℃时

$$R_t = R_0(1 + At + Bt^2) \tag{2-13}$$

式中，$A=3.9\times10^{-3}$℃$^{-1}$，$B=-5.8\times10^{-1}$℃$^{-2}$，$C=-4.3\times10^{-12}$℃$^{-4}$。

(2) 铜热电阻

在一些精度要求不高的场合，常使用价格较铂热电阻更低廉的铜热电阻。铜热电阻的电阻温度系数大，造价低，且互换性好，但铜金属易氧化，不适于在高温环境下工作。铜的固有电阻小，为提高铜热电阻的阻值，需要把铜做成长而细的铜丝。

铜热电阻的测温范围为－50～150℃，在此温度范围内铜电阻与温度关系非线性，可用下式表示：

$$R_t = R_0(1 + At + Bt^2 + Ct^3) \tag{2-14}$$

式中 $A$、$B$、$C$ 为常系数，由实验得出。

(3) 镍热电阻

镍热电阻的电阻温度系数 $\alpha$ 约为铂的 1.5 倍 。因为温度在 200℃左右时镍热电阻的温度系数 $\alpha$ 出现奇异点，多用于 150℃以下灵敏度要求较高的测量场合。其阻值与温度的特性关系式为：

$$R_t = 100 + At + Bt^2 + Ct^4 \tag{2-15}$$

式中，$A=0.5℃^{-1}$，$B=0.7\times10^{-3}℃^{-2}$，$C=2.8\times10^{-9}℃^{-4}$。

## 第五节　辐射方法测温

辐射方法测温的特点是：感温元件不与被测介质接触，因而不会破坏被测对象的温度场，也不会受到被测对象的氧化或腐蚀作用；被测对象可以是运动中的物体或者是温度不稳定的物体；理论上可测温度无上限。

**一、辐射方法测温的基本原理**

普朗克定律中绝对黑体的单色辐射强度 $E_{0\lambda}$ 与波长的关系为：

$$E_{0\lambda} = c_1\lambda^{-5}(e^{c_2/\lambda T}-1)^{-1} \tag{2-16}$$

式中　$c_1$——普朗克第一辐射常数，$c_1=37413\text{W}\cdot\mu\text{m}^4/\text{cm}^2$；

$c_2$——普朗克第二辐射常数，$c_2=14388\mu\text{m}\cdot\text{K}$；

$\lambda$——辐射波长，$\mu$m；

$T$——黑体温度，K。

为了计算方便，在温度低于 3000K 时，可用维恩公式代替普朗克公式，其误差不超过 1%，维恩公式为：

$$E_{0\lambda} = c_1\lambda^{-5}e^{-c_2/\lambda T} \tag{2-17}$$

引入符号 $\lambda_m$，它是指黑体在某一温度下所有波长中 $\lambda_m$ 所对应的单色辐射强度最大。由普朗克公式可推导出，当温度升高时，单色辐射强度也随之增长，$\lambda_m$ 随之减小。

维恩位移定律给出了 $\lambda_m$ 和温度之间的关系：

$$\lambda_m T = 2897\mu\text{m}\cdot\text{K} \tag{2-18}$$

如果把单色辐射强度 $E_{0\lambda}$ 对波长 $\lambda$ 从 $0\sim\infty$ 积分，便可得到绝对黑体的全辐射定律的表达式：

$$E_0 = \int_0^{\infty} E_{0\lambda}\,\text{d}\lambda = \int_0^{\infty} c_1\lambda^{-5}(e^{c_2/\lambda T}-1)^{-1}\,\text{d}\lambda = \sigma_0 T^4 \tag{2-19}$$

式中 $\sigma_0$ 为斯蒂芬-玻耳兹曼常数，由实验得 $\sigma_0=5.67\times10^{-12}\text{W}/(\text{cm}^2\cdot\text{K}^4)$。

在任意温度下，黑体的辐射强度是最大的，为了定性地表示其他物体的辐射强度，定义物体的黑度系数，用符号 $\varepsilon$ 表示，它是指在波长 $\lambda$ 下该物体的单色辐射强度与同温度下黑体的单色辐射强度的比值，即 $E_\lambda/E_{0\lambda}=\varepsilon$，$\varepsilon$ 为小于 1 的常数。若某物体在任意波长下的黑度系数都相同，则称此物体为灰体。工程上有很多物体的黑度系数随波长变化不大，可近似认为是灰体，如炉膛火焰、锅炉内部的受热面等。

**二、辐射测温仪表**

辐射测温仪表是以普朗克定律、维恩定律及斯蒂芬-玻耳兹曼定律为原理的非接触测温仪表。

根据普朗克定律，物体在某一波长下的单色辐射强度是温度的单值函数，所以若能测得辐射强度，便可根据此函数得到被测物体的温度。光学高温计和光电高温计都是基于此原理的辐射测温仪表。

如果辐射测温仪表能够接收物体的总辐射强度，则根据黑体的全辐射定律得到对应的黑体温度，若被测物体的黑度系数也已知，便可得到此物体的温度。全辐射温度计便是基于此原理进行测温的。此外，两个不同波长下的单色辐射强度的比值对于黑体或灰体也是物体温度的单值函数，这便是比色温度计的工作原理。

常用的辐射测温仪表有光学高温计、光电高温计、全辐射温度计、红外辐射温度计和比色温度计等。本节主要对前三种温度计作简要介绍。

1. 光学高温计

光学高温计是利用物体辐射强度中的可见光范围接近单波段的辐射强度，并通过肉眼辨别亮度进行测温的仪表。它可用于测量700℃以上的温度。

现在广泛使用的光学高温计是灯丝隐灭式温度计，此类温度计主要是由光学系统和电测系统两个部分构成。光学系统由目镜 $O_1$ 和物镜 $O_2$ 组成，调节目镜位置使高温计内的灯泡灯丝清晰可见，再调节物镜使被测物体在灯丝平面上成像，通过电测系统调节灯丝亮度，同时与被测对象进行亮度比较，用肉眼辨别亮度是否均衡。当亮度平衡时，灯丝发光部分的轮廓就会隐灭在被测物体的影像中（见图 2-8）。此时认为被测物体的温度与灯丝温度相等，电测系统仪表上已对灯丝电流和温度的关系进行了分度，通过仪表读数便可直接得到被测物体的温度。

光学高温计仪表的分度是按绝对黑体进行分度的，因此对测量值往往需要修正。若在波长 $\lambda$ 下，物体在温度 $T$ 时的亮度与黑体在温度 $T_b$ 下的亮度相同，即：

$$W_{b\lambda}(\lambda, T_b)=\varepsilon(\lambda, T)W_{b\lambda}(\lambda, T) \tag{2-20}$$

则称 $T_b$ 为该物体在波长 $\lambda$ 下的亮度温度。用光学高温计所测得的温度就是这个亮度温度，为得到被测物体的实际温度，可根据亮度温度的定义，使用下面的公式进行修正：

$$T=1\Big/\left[\frac{1}{T_b}+\frac{\lambda}{c_2}\ln\varepsilon(\lambda, T)\right] \tag{2-21}$$

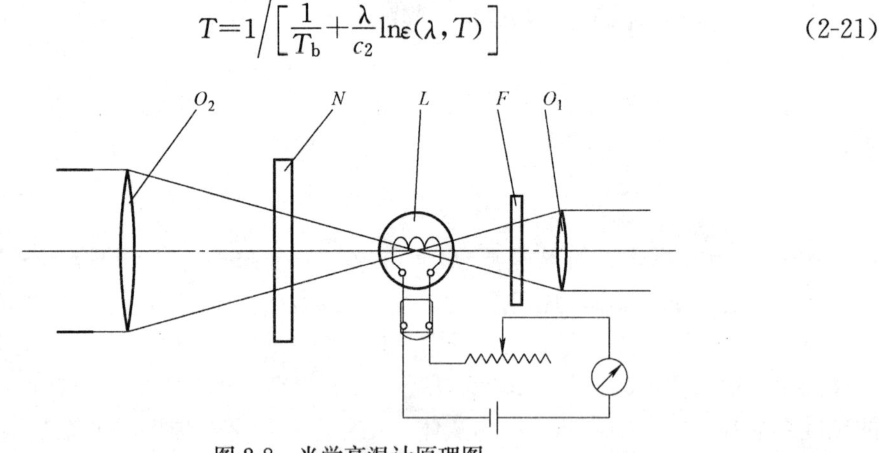


图 2-8 光学高温计原理图

$O_2$—物镜；$N$—吸收玻璃；$F$—红色滤光片；

$L$—钨丝灯泡；$O_1$—目镜

2. 光电高温计

光电高温计是在光学高温计的基础上发展而来的，它是利用光感元件代替肉眼来感受被测物体的亮度变化，并将亮度转换成电信号，在仪表显示器上输出温度示值。光电高温计与光学高温计相比，在结构上多了感温元件和电信号处理系统，少了灯泡，另外光电高温计可以实现对温度的自动连续记录。

3. 全辐射高温计

全辐射高温计是以全辐射定律为原理制作的温度计。它是以涂黑的热电堆作为受光面来接收物体的辐射，热电堆接收辐射能产生热电势，通过测量热电势的大小来得到物体的辐射强度的值，进而得到被测物体的温度。

热电堆是由很多热电偶串联。且热电偶的测温点按一定规则排布成薄片状的元件。被涂黑的物体理论上可吸收投射其上的全部波长的辐射能，涂黑的热电堆感应到辐射热量并转换成热电势信号。

图 2-9 为全辐射高温计的示意图。被测物体的全辐射能由物镜聚焦，通过光栅，焦点落在装有热电堆的铂箔上，铂箔被涂黑以吸收投射来的全部辐射能，热电堆上的热电偶感应到辐射热产生热电势信号，显示仪表将热电势信号处理并显示或记录成温度信号。热电偶冷端夹在云母片中，这里的温度基本不受测量端的影响。高温计目镜前加有灰色滤光片，用来削弱光强，保护观测者的眼睛。

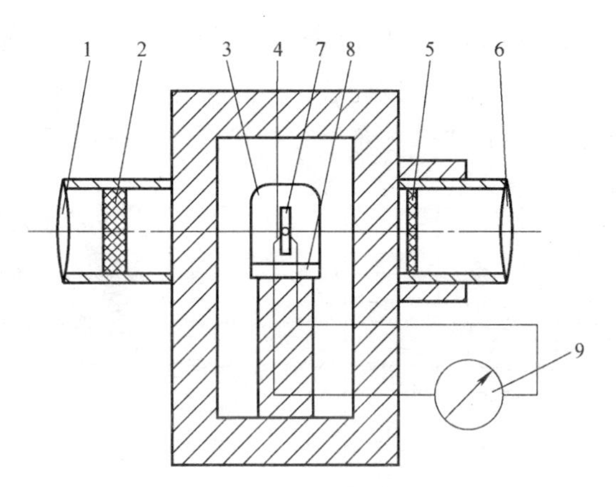

图 2-9　全辐射高温计

1—物镜；2—光栏；3—玻璃泡；4—热电堆；5—灰色滤光片；6—目镜；7—铂箔；8—云母片；9—显示仪表

全辐射高温计也是按绝对黑体为对象进行分度的。如果某物体在温度 $T$ 时的全辐射强度与绝对黑体温度为 $T_F$ 时的全辐射强度相同，则 $T_F$ 称为该物体的辐射温度。

物体的真实温度 $T$ 和辐射温度 $T_F$ 的关系可用下式表示：

$$\sigma T_F^4=\varepsilon(T)\cdot\sigma T^4 \tag{2-22}$$

$$T=T_F\cdot\sqrt[4]{1/\varepsilon(T)} \tag{2-23}$$

已知被测物体的黑度系数 $\varepsilon(T)$ 和全辐射高温计的直接读数 $T_F$ 时，便可求得被测物体的真实温度 $T$。

## 第六节　热流量测量

热流密度的大小表征热量转移的程度。测量单位时间内单位面积上通过热量的仪表叫热流密度计，简称热流计。热流计是热能转移过程的量化检测仪器，是用于测量热传递过程中热迁移量的大小、评价热传递性能的重要工具。热流计应由热流测头和检测仪表两部分组成，本节仅介绍几种典型热流计。

### 一、导热式热流计

导热式热流计主要测量以一维空间导热为主的传热热流，它的测头为热阻式热流测头，其基本理论为傅里叶定律，即一块平板在单位时间内所导过的热流密度，与平板材料的热导率和平板两面的温度差成正比，而与平板的厚度成反比。在稳态条件下，某一方向上由热传导所传递的热流密度 $q$ 为：

$$q=-\lambda\frac{\partial T}{\partial x} \tag{2-24}$$

式中 $\lambda$——热流计材料的导热系数，它和材料的性质有关，且是温度的函数；

$\frac{\partial T}{\partial x}$——与热流方向一致的温度梯度。

如果沿 $x$ 方向两个点 $x_1$ 和 $x_2$ 处的温度是 $t_1$ 和 $t_2$，则由下式可求得 $q$：

$$q=-\lambda_m\frac{t_2-t_1}{x_2-x_1} \tag{2-25}$$

式中，$\lambda_m$ 是平均导热系数，在工程应用中，一般情况下取常温（20℃）下的导热系数值，故后续介绍中均以此表示。这类热流计的结构形式很多，根据测量原理与结构的不同，接触式热流计可分为金属片型热流计、薄板型热流计、量热式热流计和热阻式热流计。

1. 金属片型热流计

这种形式的热流计是在传感器上采用导热系数和厚度为已知的金属片，根据测量金属片两表面的温度差，可计算出热流密度的装置。它的原理如图 2-10 所示。热流密度可表示为：

$$q=\frac{\lambda}{d}\Delta t \tag{2-26}$$

这种热流计构造简单，容易计算出热流密度，但有如下缺点：由于导热系数是温度的函数，因此 $\Delta t$ 与 $q$ 不是线性关系，需要进行修正计算。安装传感器后，由于热流传感器的保温作用，原来的热流密度会发生变化。因此，这种结构形式不能用于测量高准确度的热流密度。

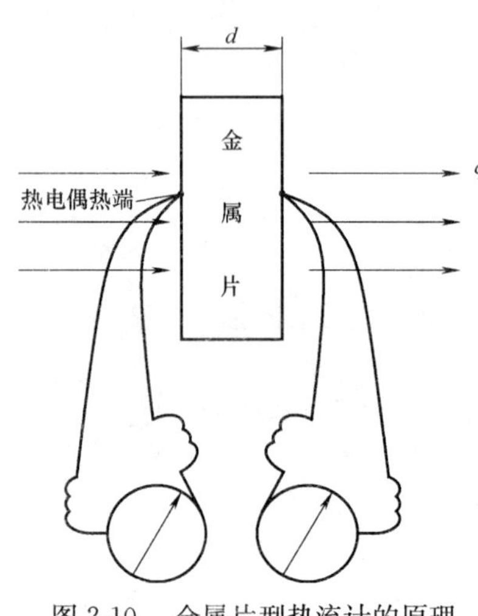

图 2-10 金属片型热流计的原理

2. 薄板型热流计

在金属或合金薄板的两个表面上贴金属箔或镀上金属层，把热流测头本体作为一个差动热电偶（见图 2-11）。一般金属箔是康铜，热流探头本体是铜，但也有相反的情况。

假定通过此薄板的热流密度为 $q$，差动热电偶的热电势为 $E$，则有：

$$q=CE \tag{2-27}$$

式中 $C$——热流测头系数，W/（$m^2$ · mV），$C$ 值越小，测头越灵敏。

热流测头是一块有一定厚度的、表面镀铜的圆形康铜板，康铜板的圆周方向上用绝缘材料绝热。为了保持受热面的背面温度一定，可采用水冷却。若受热面接受热量，则在康铜板的康铜—铜两个表面之间产生温差，对应此温差的热电势可用电位差计测量。根据这个热电势可以计算出热流密度。如果使用温度过高，则 $q$ 与 $E$ 之间就呈非线性关系，所以一般要求 $E\leqslant 10$mV。另外，在高温下金属箔或镀层容易被氧化而损坏，所以这种热流测头的使用温度不能过高。上面这两种热流测头的热阻层都是金属，其热阻较小，灵敏度较小，故不适用于测量较小的热流密度。

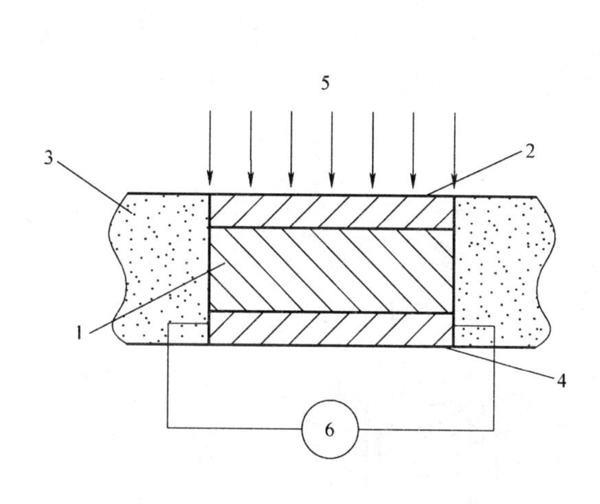


图 2-11　薄板型热流计

1—铜；2—康铜（受热面）；3—绝热材料；4—康铜（水冷面）；5—热流方向；6—电位差计

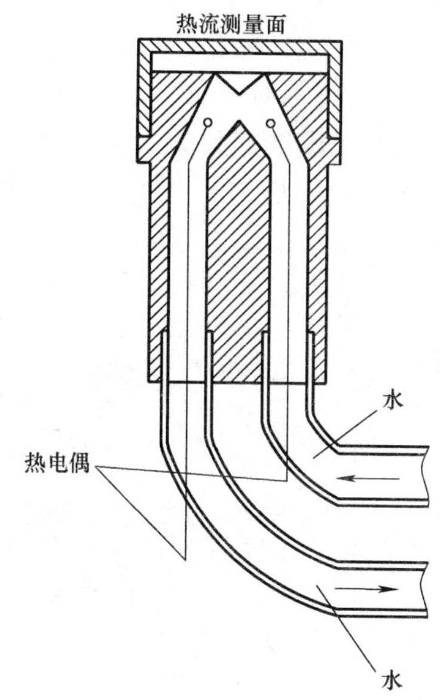


图 2-12　量热式热流计

3. 量热式热流计

量热式热流计是基于能量守恒原理，通过计算吸热介质的吸热量来计算热流，一般采用冷却水流经受热面吸收热量的形式。其原理如图 2-12 所示，若水流量为 $G$，入口和出口水温分别为 $t_1$ 和 $t_2$，根据所测得的 $t_1$、$t_2$ 和 $G$ 值，即可求出热流密度值 $q$：

$$q=Gc(t_2-t_1) \tag{2-28}$$

式中　$c$——水的比热。

4. 热电堆型热流计

为提高测量的灵敏度，热流计发展出采用多组串联的热电偶测量温差的热流计探头，即热电堆型热流计，目前这种热流探头应用最广泛。它的结构原理如图 2-13 所示。此热流传感器由检测板及其保护材料、引线组成。检测板包括热阻板及其两表面上由许多热电偶串联组成的热电堆，热阻板可用塑料、橡胶、陶瓷甚至空气层制作，具体视使用温度而定。

若将此热流测头（传感器）安装在被测物体上，由于传感器自身热阻的存在，安装传感器前的热流密度 $q_0$ 和安装传感器后的热流密度 $q$ 不相等（见图 2-14）。$q$ 和 $q_0$ 可用下式表达：

$$q=\frac{\lambda}{d}\Delta t=\frac{\lambda}{d}KE$$

$$q_0=\frac{\lambda}{d}k\frac{q_0}{q}E=KE \tag{2-29}$$

式中　$\lambda$——热阻板的导热系数；

$d$——热阻板的厚度；

$k$——由热电堆材质确定的常数；

$K$——传感器的灵敏度常数；

$E$——传感器的输出信号值。

式中的灵敏度常数 $K$ 可用标准热流发生器对各个传感器分别求得。有了 $K$ 和 $E$ 值，就可求得 $q_0$。一般 $K$ 与温度有关，随温度不同需进行修正。此外 $q_0/q$ 随传热条件变化，这是影响测量准确度的重要因素。

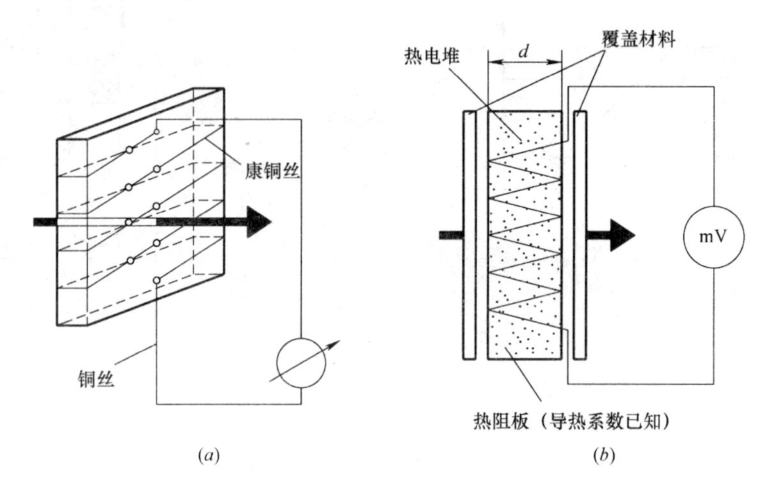


图 2-13　热电堆型热流计

(a) 原理图；(b) 结构图

## 二、辐射式热流计

辐射式热流计只测量辐射热流密度，可在高达 1600℃的高温条件下使用，测量范围可达 500kW/m²，其传感器采用内表面镀金的铜质椭圆球，如图 2-15 所示。从入射孔入射的辐射热流在椭圆球体的内表面进行多次反射，最后都传到表面涂黑的圆柱形不锈钢塞子上。塞子后连接一不锈钢杆，在杆的前后两端缠绕并焊上康铜丝，形成了康铜—不锈钢热电偶，通过测量温差计算热流密度。为消除检测器（不锈钢塞子）的对流传热，保证只测量热辐射，通过分布在椭圆球短轴平面上的小孔（2～8 个）向椭圆形腔喷射干氮气流。氮气还可防治燃烧气体和灰尘颗粒进入椭圆腔内，防止玷污反射镜，影响反射率。但是通入的氮气不能过量，否则检测器会被冷却，导致测温度量误差。此外传感器可采用水冷。

## 三、辐射—对流热流计

辐射—对流热流计是同时测量辐射传热和对流传热热流密度的装置，所以也称为全热流计或总热流计。

全热流计的结构如图 2-16 所示，它采用圆柱形铝合金制成。为了提高对传感器前端射入的辐射能的全吸收率，在受热面上车成许多同心圆沟槽并且涂黑，使其表面上的全发射率接近 1。另外，在传感器的后端面上用水冷却以维持一定的温度。热电偶设置在圆柱形铝合金中间间隔一定距离的两个点上。这种热流计的测定范围可达 500kW/m²，被测对象温度不超过 1600℃。

除了上面介绍的几种热流计外还有其他种类的热流计，这里就不作介绍了。热流计使产生一个已知的热流密度 $q_0$，将待测热流计与它接触，测量热流计的输出信号 $E$，由公式

$q_0=KE$ 就可求得此热流计的灵敏度常数 $K$。用已知 $K$ 的热流计就可以去测量未知的热流密度了。

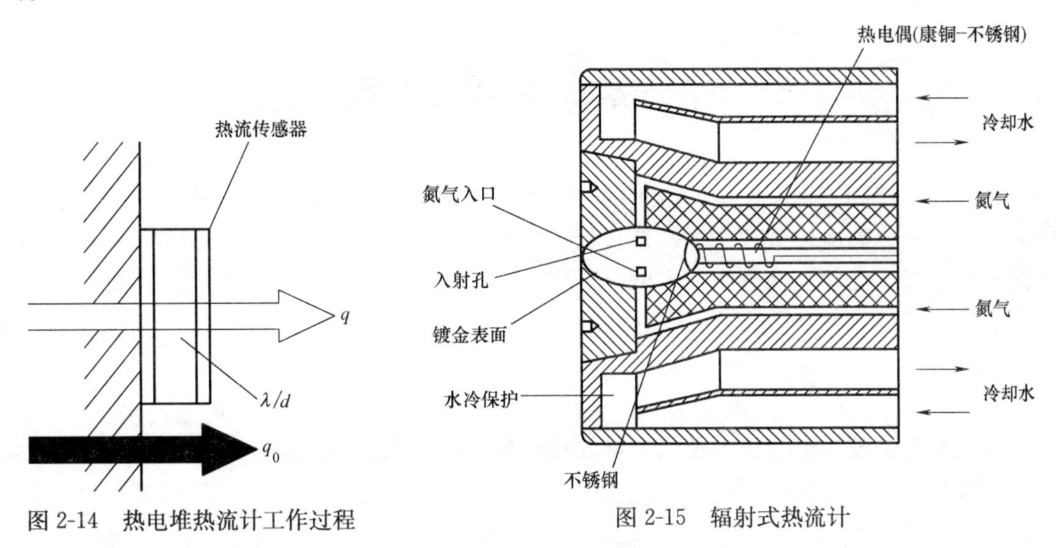


图 2-14 热电堆热流计工作过程

图 2-15 辐射式热流计

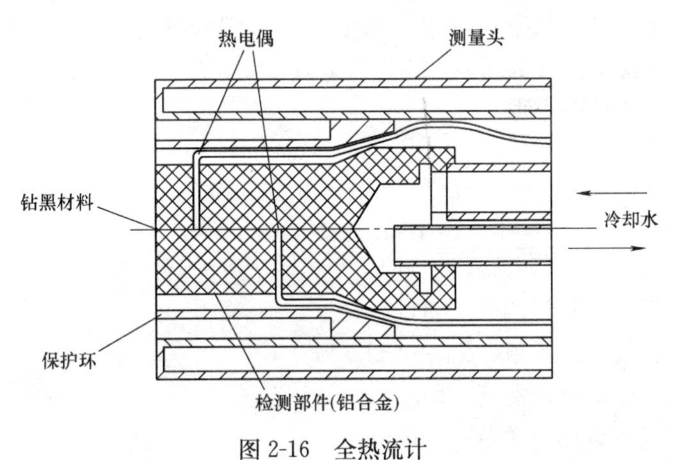


图 2-16 全热流计

# 第三章　湿 度 测 量

在工业生产和工程应用中，空气的热湿参数也是重要的控制对象，湿度和温度有着同样重要的意义。如电子工业中，制造过程中空气湿度的高低决定着产品的成品率；舒适性空调中，空气湿度的高低会影响人的舒适感。因此，必须对空气湿度进行测量和控制。

## 第一节　空气湿度的表示方法

空气湿度是表示空气中水蒸气含量的物理量。常用的表示方法有：绝对湿度、相对湿度和含湿量。

### 一、绝对湿度

绝对湿度是指在标准状态下，即空气在0℃，760mmHg压力下，每立方米气体（一般指湿空气）中所含水蒸气的质量，用符号 $\rho$ 表示，单位为 $g/m^3$。

根据定义和气体状态方程

$$\rho=1/\nu_n$$

$$P_n\nu_n=R_nT$$

得

$$\rho=\frac{P_n}{R_nT}=\frac{1000P_n}{461T}=2.169\frac{P_n}{273.15+\theta_w} \tag{3-1}$$

式中　$P_n$——空气中水蒸气的分压力，Pa；

$R_n$——水蒸气气体常数，$R_n=461J/(kg\cdot K)$；

$\theta_w$——空气干球摄氏温度，℃；

$T$——空气干球热力学温度，K。

### 二、相对湿度

相对湿度是指实际绝对湿度 $\rho_v$ 与同温度下的饱和湿度 $\rho_s$（即最大绝对湿度）之比，用 $\varphi$ 表示。其定义式为：

$$\varphi=\frac{\rho_v}{\rho_s}\leqslant1$$

因为湿空气中的水蒸气一般可视为理想气体，则有：

$$\varphi=\frac{\rho_v}{\rho_s}=\frac{\frac{P_n}{RT}}{\frac{P_s}{RT}}=\frac{P_n}{P_s}$$

所以，相对湿度也可以表示为湿空气中水蒸气分压力 $P_n$ 与同温度下饱和空气中水蒸气分压力 $P_s$ 的比值。即：

$$\varphi=\frac{P_n}{P_s}\times100\% \tag{3-2}$$

### 三、含湿量

含湿量是指含有每千克干空气的湿空气中所含水蒸气的质量，用符号 $d$ 表示，单位为 g/kg。

$$d=1000\frac{m_s}{m_w} \tag{3-3}$$

式中　$m_s$——湿空气中水蒸气的质量，g；

$m_w$——湿空气中干空气的质量，kg。

根据理想气体状态方程

$$m=\frac{PV}{RT}$$

得

$$d=622\frac{P_n}{P_w} \tag{3-4}$$

式中　$P_w$——湿空气中干空气分压力，Pa。

若湿空气的含湿量保持不变，湿空气定压加热或冷却时，$P_n$ 不变，湿空气露点不变。

再根据相对湿度的定义

$$P_n=\varphi P_b$$

$$P_w=B-P_n$$

则可得，

$$d=622\frac{\varphi P_b}{B-\varphi P_b} \tag{3-5}$$

因此，可看出当大气压力 $B$ 一定时，湿空气的含湿量与水蒸气分压力为 $P_n$ 为函数对应关系，即在大气压力一定的情况下，当 $P_n$ 确定时，含湿量 $d$ 也为定值；反之若 $d$ 已知，$P_n$ 值便可确定。如再加上干球或者湿球温度时，便可确定湿空气的其他状态参数。

## 第二节　干湿球法湿度测量

### 一、干湿球法测湿原理

干湿球法是根据气体干球温度和湿球温度温差效应对湿度进行测量的一种方法。空气干球温度是指对空气不进行任何处理时所测得的温度，如在空气中放置一个温度计，它所测得的便是空气的干球温度。在一定空间内，若外界环境中空气的状态为定值，潮湿表面的水分绝热蒸发使靠近蒸发面的空气变为饱和空气并且使其温度降低，降低后的温度值就为该状态空气的湿球温度。

空气的相对湿度越高，潮湿表面的水分蒸发强度越小，饱和空气温度越高，湿球温度与周围环境的温差（即干球温度）越小；相反，空气的相对湿度越低，湿球温度与周围环境温差越大，这便是干湿球法测量湿度的原理。只要测得空气的干球温度和湿球温度，就可以通过空气的焓湿图查出空气的相对湿度。

### 二、干湿球法测湿仪器

利用干湿球法测量空气湿度的常用仪器仪表有普通干湿球温度计和干湿球电信号传感器等。

1. 普通干湿球温度计

普通干湿球温度计是由两支相同的温度计组成，一支直接测量空气的干球温度，为干球温度计；另外一支在感温包上包有浸润白湿纱布，并保持良好的通风，用来测量空气的湿球温度，称为湿球温度计（见图 3-1）。干、湿球温度计装置在同一支架上，湿球温度计感温包表面纱布始终为潮湿状态，其中的水分不断蒸发，蒸发强度与环境中空气的状态参数有关，可近似认为绝热蒸发，因此认为此时该温度计所测得的温度为空气的湿球温度。

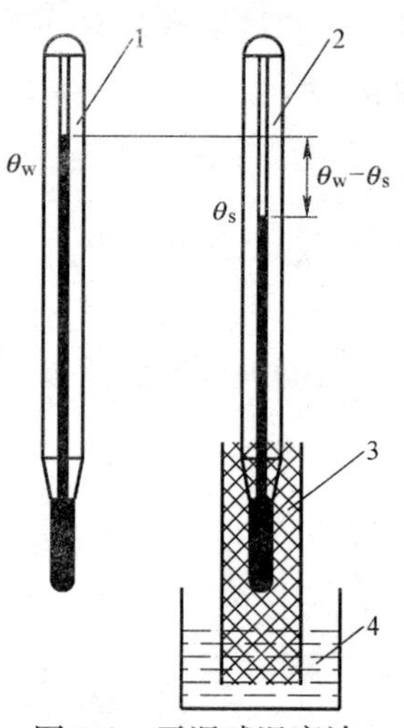

图 3-1 干湿球温度计

1—干球温度计；2—湿球温度计；3—纱布；4—水

随着温度测量技术的进步，干、湿球温度可通过热电阻进行测量，便发展出干湿球电信号传感器，用于测量气体湿度。它具有测量响应时间短等优点，适合湿度变化快的场合。

2. 干湿球电信号传感器

干湿球电信号传感器是一种将湿度参数转换成电信号的仪表。它的测湿原理与干湿球温度计相同，主要差别是使用两支微型套管式镍电阻温度计来代替干球和湿球温度计。为使镍电阻周围形成恒定风速的气流，在干湿球电信号传感器上增加一个微型轴流风机，为避免测量时受周围空气流动的影响，一般将风速控制在 2.5m/s 以上。同时，微型风机产生的气流会增加镍电阻周围热湿交换速度，降低仪表的响应时间。

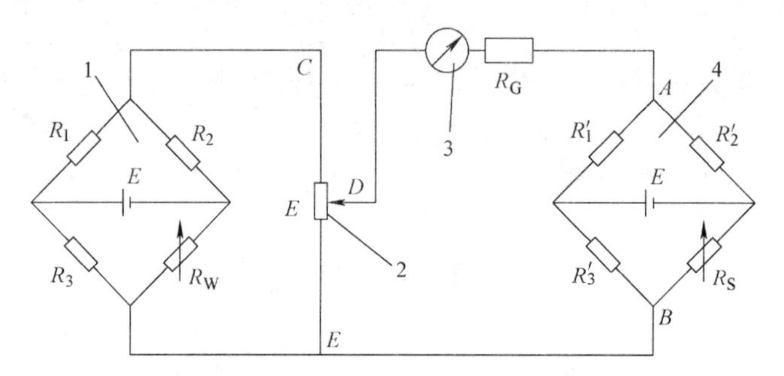

图 3-2 干湿球温度测量桥路

干湿球电信号传感器的测量桥路原理图如图 3-2 所示。它是由两个不平衡电桥连接在一起组成的复合电桥。图中左侧电桥用于测量干球温度，电阻 $R_W$ 为对应热电阻；右侧电桥为湿球温度测量桥路，电阻 $R_S$ 代表湿球温度热电阻。

左、右电桥输出的不平衡电压分别是干、湿球温度的函数。两桥路的输出信号通过补偿可变电阻 $R$ 连接，$D$ 点为 $R$ 上的滑动点。由于湿球温度低于干球温度，右电桥的输出信号小于左电桥的输出信号，通过调节电阻 $R$ 上 $D$ 点使两电桥重新达到平衡状态，即检流计中无电流通过。

两电桥处于平衡状态时，$D$ 点位置反映了左、右电桥的电压差，也就是间接反映了干、湿球温度的温度差，故 $D$ 点位置也可反映相对湿度的大小。通过计算和标定，可在 $R$ 上标示出对应的相对湿度值。测量时，通过手动或自动的方式调节 $R$ 使两电桥达到平衡状态，此时根据 $D$ 点位置便可读出相对湿度值。

## 第三节　露点法湿度测量

### 一、测量原理

当空气压力一定时，若含湿量不变，则水蒸气分压力保持不变。露点法便是根据空气的这一性质，先测定空气的露点温度，露点温度下空气中水蒸气的分压力 $P_l$ 即为水蒸气在此温度下的饱和压力，则 $P_l$ 就等于空气中水蒸气的分压力 $P_n$，查水蒸气状态表可得到 $P_n$ 和空气温度下饱和水蒸气压力 $P_b$，得相对湿度：

$$\varphi=\frac{P_n}{P_b}\times 100\%=\frac{P_l}{P_b}\times 100\% \tag{3-6}$$

式中　$P_l$——被测湿空气露点温度下的饱和水蒸气压力，Pa；

$P_b$——被测湿空气干球温度下的饱和水蒸气压力，Pa。

露点测定方法是先把某一物体的表面逐渐冷却，直至周围空气中的水蒸气开始在冷表面凝结，开始凝水的瞬间，冷表面邻近的空气温度即为露点温度。因此准确把握水蒸气开始凝结的瞬间是露点法测湿的关键。

### 二、露点湿度计

露点湿度计主要构件有镀镍的黄铜盒、温度计等（见图 3-3）。进行测量时，黄铜盒内注入乙醚溶液，向盒内鼓气，并从另一管口排出，加速乙醚蒸发。随着乙醚持续蒸发吸收自身的热量，使盒体表面温度持续降低，直至空气中的水蒸气开始凝结，此时插在黄铜盒内的温度计的读数就是空气的露点温度。得知露点温度后再通过水蒸气状态表查出露点温度下水蒸气的饱和压力和干球温度下的水蒸气饱和压力，进而算出空气的相对湿度。但是使用此类湿度计，需要在冷表面开始结露时立即测定表面温度，因盒体内外温度存在一定差异，加之温度计本身的响应时间，因此露点温度不易测准而易产生较大误差。

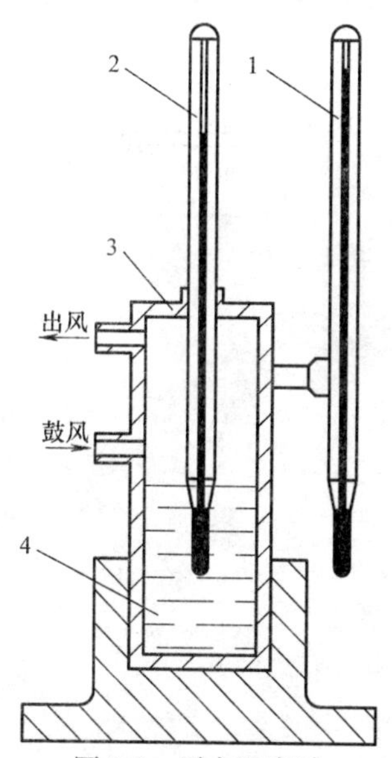


图 3-3　露点湿度计

1—干球温度计；2—露点温度计；3—镀镍铜盒；4—乙醚

### 三、光电式露点湿度计

光电式露点湿度计是基于光电原理直接测量气体露点温度的一种电测法湿度计。它具有测量准确度高、可靠、使用范围广等特点，对低温与低温状态更宜使用。典型的光电式露点湿度计露点镜面可以冷却到比环境温度低 50℃，最低的露点能测到 1%～2%的相对湿度。一个特殊设计的光电式露点湿度计的露点温度测量范围为－40～100℃。光电式露点湿度计不但测量精度高，还可测量高压、低温、低湿气体的相对湿度，但采样气体不得含有烟尘、油脂等污染物，否则会直接影响测量精度。当被测的采样气体通过中间通道与露点镜相接触，镜面温度高于被测气体的露点温度时，镜面上没有露（霜）层形成，其反射率很高，电桥处于不平衡状态，此时输出的信号通过功率放大控制热电制冷器；随着镜面温度下降，达到被测气体的露（霜）点温度后，在镜面上就会形成露（霜）层，光线将会在镜面上发生散射，电桥从不平衡趋向平衡状态。通过反馈控制系统调节镜面的温度，将冷凝在镜面上的露（霜）层控制在一定的厚度范围内，当被测气体中水汽的冷凝速度和镜面上露层的蒸发速度达到平衡状态后，测量此时的镜面温度，就是被测气体的露点温度。基于上述工作原理，光电式露点湿度计需要一个高度光洁的露点镜面以及高精度的光学与热电制冷调节系统，以保证露点镜上温度的控制精度。

光电式露点湿度计的核心是一个可以自动调节温度的能反射光的金属露点镜以及光学系统。图 3-4 为光电露点湿度计原理图，当被测的采样气体通过中间通道与露点镜相接触时，如果镜面温度高于气体露点温度，镜面上不会结露，镜面的反光性好，来自白炽灯的斜射光经露点反射镜反射后，大部分射向反射光敏电阻，只有少部分被散射光敏电阻所接收，二者的输出信号通过光电桥路进行比较，将其不平衡信号通过平衡差动放大器放大后，自动调节输入半导体热电制冷器的电流大小。半导体热电制冷器冷端与露点镜相连，当输入制冷器的电流值变化时，其制冷量也随之变化，电流越大，其制冷量越大，露点镜的温度也越低。当降至露点温度时，露点镜面开始结露，来自光源的光束射到结露的镜面时反射光束的强度便会减弱，而散射光的强度有所增加，经两组光敏电阻接收并通过光电桥路进行比较后，放大器与可调直流电源自动减小输入半导体制冷器的电流，以使露点镜的温度升高，当不结露时，又自动降低露点计的温度，最后使露点镜的温度达到动态平衡时，即认为露点镜此时的温度为被测气体的露点温度，然后安装在露点镜内的铂电阻及露点温度指示器即可直接显示被测的露点温度值。

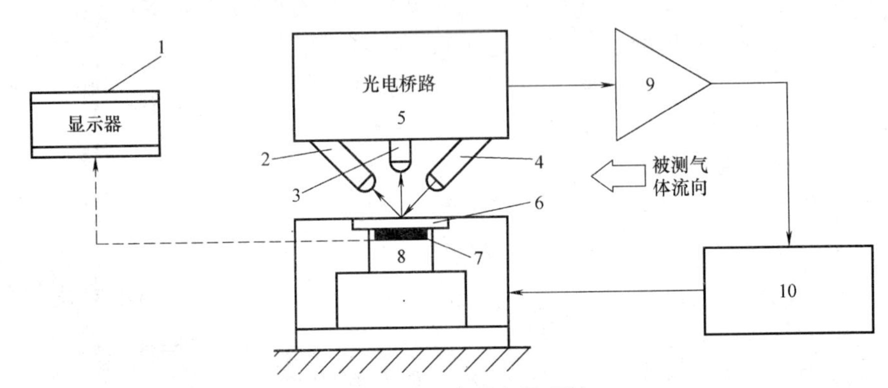


图 3-4　光电式露点湿度计

1—露点温度显示器；2—反射光敏电阻；3—散射光敏电阻；4—光源；5—光电桥路；6—露点镜；7—铂电阻；8—半导体热电制冷器；9—放大器；10—可调直流电源

## 第四节　吸湿法湿度测量

吸湿法测湿是指某些物质的含湿量与它所处环境的相对湿度有关，含湿量的大小又会影响其导电性能，若能把此类物质做成传感器，把相对湿度转换成电信号，便可进行湿度测量。

### 一、氯化锂电阻湿度传感器

吸湿法测湿常用氯化锂作为吸湿剂，它在大气中不分解、不挥发，也不会变质，且其含湿量与空气相对湿度成一定关系。当氯化锂的蒸汽压力与空气中水蒸气的分压力相等时，会处于吸湿平衡状态，含湿量才会稳定。氯化锂含湿量越大，导电的离子数越多，电阻就越小。同理，含湿量越小，电阻就越大。利用这个性质便可做成氯化锂电阻湿度传感器（见图 3-5）。

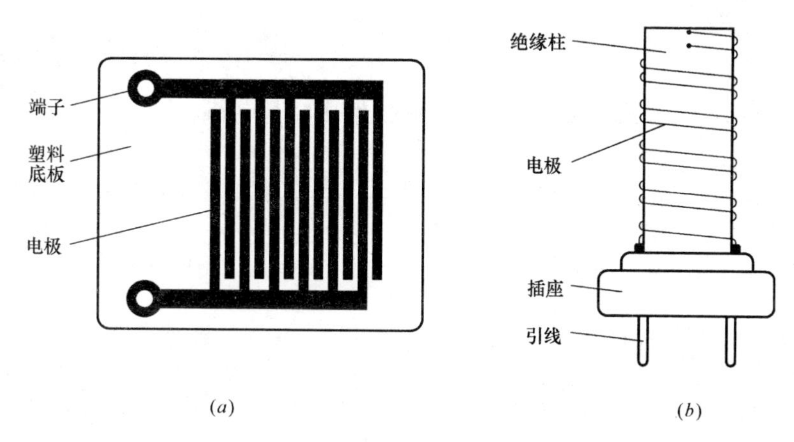


图 3-5　氯化锂电阻湿度传感器

（a）梳状；（b）柱状

如图 3-5 所示，氯化锂电阻湿度传感器分梳状和柱状两种。梳状传感器是将梳状金箔电极镀在绝缘底板上，氯化锂溶液铺附在底板表面，使电极间缝隙均匀充满。当空气相对湿度发生变化时，氯化锂溶液的电阻变化，进而湿度信号转换成电信号通过金箔电极传送到测量仪表。柱状传感器使用两根平行但互相不接触的铂丝电极绕制在绝缘柱上，利用多孔聚乙烯醇作为胶粘剂使氯化锂溶液均匀附着在绝缘柱表面，多孔材料能够保证氯化锂和水蒸气间的良好接触。当空气与氯化锂之间达到吸湿平衡时，两电极之间的氯化锂溶液电阻达到对应定值，进而湿度信号转换成电信号。

使用传感器测湿时可采用交流电桥测量其电阻值，单一传感器的测量范围较窄，实际使用时应选择合适量程或采用多组传感器组合的方式。氯化锂电阻传感器在使用时应注意：为防止氯化锂电解，不得使用直流电源；使用温度不能大于 55℃，以防溶液蒸发；使用环境应保持清洁，避免粉尘等悬浮物影响溶液电阻。

**二、高分子湿度传感器**

高分子湿度传感器根据湿敏元件的不同，主要分为电容式和电阻式两大类。

1. 高分子电容式湿度传感器

（1）基本结构与工作原理

高分子电容式湿度传感器的结构如图 3-6 所示，它的主要结构是一个电容器，在高分子薄膜上的两侧各附有一层金属微孔蒸发膜，这两层蒸发膜作为传感器的电极。水分子可通过这两个电极被高分子薄膜吸附或释放。高分子薄膜的介电系数会随着水分子的吸附和释放产

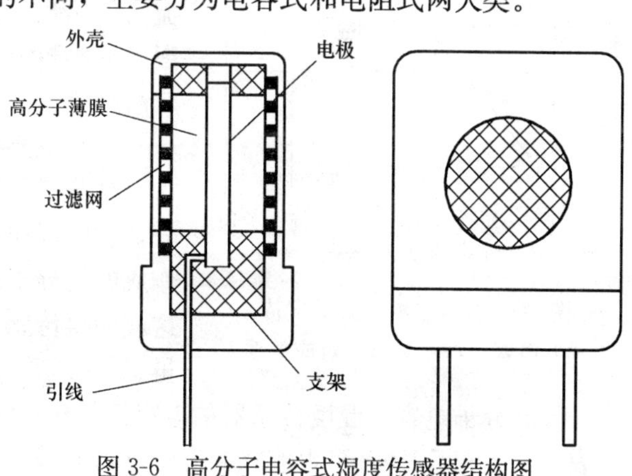


图 3-6　高分子电容式湿度传感器结构图

生相应的变化。由于空气中相对湿度的改变会影响介电系数的大小，进而通过电容 $C$ 的数值大小便可确定空气中相对湿度的大小。传感器的电容 $C$ 的数值与高分子薄膜的节电系数 $\varepsilon$、电极的面积 $S$ 和高分子薄膜的厚度 $d$ 有如下的关系：

$$C=\frac{\varepsilon S}{d} \tag{3-7}$$

如图 3-7 所示，电容式湿度传感器的应用电路由时基电路 $IC_1$、$IC_2$ 组成。由时基电路

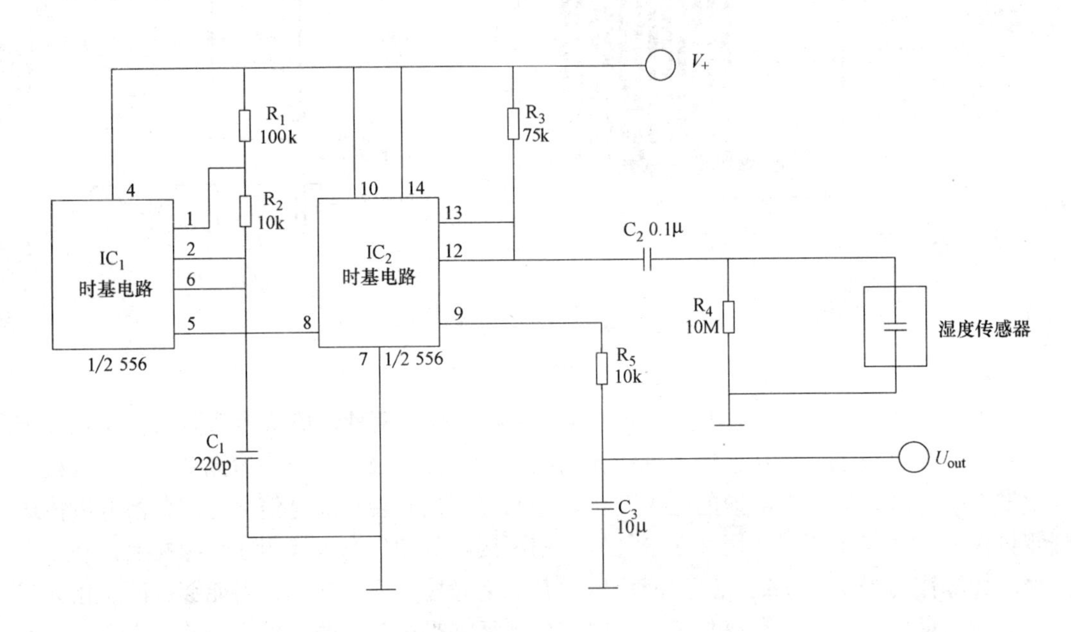


图 3-7　电容式湿度传感器的应用电路原理图

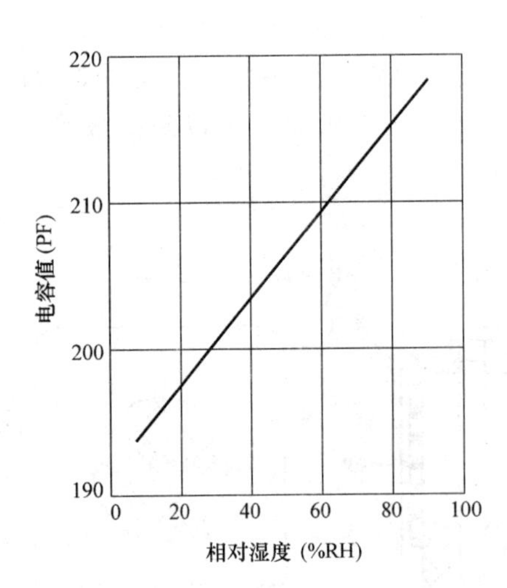


图 3-8　高分子电容式湿度传感器电容值与相对湿度对应关系

$IC_1$ 以及外围元件组成的多谐振荡器主要产生触发时基电路 $IC_2$ 的脉冲。时基电路 $IC_2$ 和电容式湿度传感器以及外围元件组成的可调宽脉冲发生器，其脉冲宽度由湿度传感器的电容值决定。调宽脉冲从时基电路 $IC_2$ 的 9 脚输出，然后经 $R_5$、$C_3$ 滤波后成为直流信号输出。该直流信号正比于空气的相对湿度，因此只要测定该值流信号的大小便可得到空气的相对温度值。

（2）主要特点

高分子薄膜是电容式湿度传感器的重要组成部分，它的制作材料多为醋酸丁酸纤维素，该材料制作成的高分子薄膜不会使水分子之间产生相互作用，这就使得传感器具有响应快，无湿滞等特点，为测量工作带来极大的方便。

高分子电容式湿度传感器的电容值与相对湿度的关系，如图 3-8 所示。

表 3-1 列出了 RHS 型电容式湿度传感器的基本参数。

**RHS 型电容式湿度传感器的基本参数** **表 3-1**

| 项目 | 参数 | 项目 | 参数 |
| --- | --- | --- | --- |
| 湿度测量范围(%RH) | 15～95 | 响应时间(s) | <10 |
| 工作温度范围(℃) | 5～50 | 工作频率(Hz) | 50～300 |
| 测量精度(%RH) | ±2 | 工作电压(V) | <12(AC) |
| 湿滞(%RH) | 1 | 温度系数(%RH/℃) | |

2. 高分子电阻式湿度传感器

高分子电阻式湿度传感器是目前发展迅速，应用较为广泛的一类新型湿度传感器。

（1）基本结构与工作原理

与电容式湿度传感器类似，电阻式湿度传感器主要组成部分是一层高分子感湿膜，其主要材料为固体电解质。当湿度增加时电解质的电离作用增强，感湿膜的导电性增大，这时电极间的电阻值就减小。当空气中的湿度减小时，电离作用减弱，使电极间的电阻值增大。因此可通过电极间电阻值的变化确定湿度传感器对水分子的吸附与释放情况，得出相应的湿度值。

（2）主要特点

电阻式湿度传感器的制作材料有比较多的选择，例如，高氯酸锂—聚氯乙烯、有亲水性基的有机硅氧烷、四乙基硅烷的等离子共聚膜等。

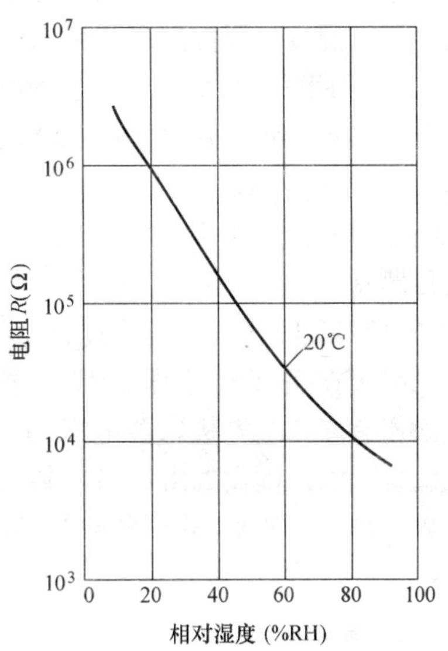

图 3-9　高分子电阻式湿度传感器电阻值与湿度对应关系

这一类的湿度传感器具有灵敏度高、线性度好、响应时间快、易小型化、制作工艺简单、成本低、使用方便等特点。高分子电阻式湿度传感器的电阻与相对湿度的关系曲线图如图 3-9 所示。

**三、金属氧化物陶瓷湿度传感器**

金属氧化物陶瓷湿度传感器是由金属氧化物多孔性陶瓷烧制而成。烧结体上有微细孔，可吸附或释放水分子，使湿敏层电阻值发生变化。陶瓷湿度传感器就是利用这种性质，把湿度值的变化转换成电阻值的变化，进而得到湿度的大小。另外，陶瓷湿度传感器除对环境湿度敏感外，对温度亦十分敏感，因此在应用时还需进行温度补偿。

1. 金属氧化物陶类湿度传感器的特性

（1）感湿特性

常用的陶瓷湿度传感器的感湿材料有Ⅰ型和Ⅱ型。这两种感湿材料的湿度特性不同，Ⅰ型在低湿领域感度高，Ⅱ型成线性特性。这两种类型感湿材料的滞后性小，且感湿范围涵盖了 1%RH 的低湿度到 100%RH 的高湿度。

（2）反应速度

陶瓷湿度传感器的反应速度较慢。因此为改善其反应速度，对其结构可以做如下改进：①使 1μm 以下的吸湿细孔的气孔率约为 25%～40%，以增大陶瓷片的表面积；②陶瓷片厚度在 200～250μm 的范围内；③采用吸湿特性较好的 $RuO_2$ 当电极。

(3) 温度特性

陶瓷湿度传感器均呈负温度特性，一般温度至 150℃亦能测出其湿度变化情况。

(4) 动作电压

外加电压在 AC5V 以下时，感湿特性几乎不受外加电压影响。但若超过 AC 5V 或长时间加直流电压，陶瓷湿度传感器的测量精度会受到焦耳热的影响。

(5) 加热除污

感湿材料吸收空气中的水分及其他物质，长期使用将减少其有效感湿面积及灵敏度。因此，在湿度计非使用时间可以采用 450℃短时间加热来除污。

2. 常用的金属氧化物陶瓷湿度传感器

金属氧化物陶瓷湿度传感器在当今世界范围内越来越受到关注，近些年来许多国家都发现了能作为电阻型湿敏多孔陶瓷的材料，如 $LaO_3$-$TiO_3$、$SnO_2$-$AlO_3$-$TiO_2$、$La_2O_3$-$TiO_2$-$V_2O_5$、$TiO_2$-$Nb_2O_5$、$MnO_2$-$Mn_2O_3$。下面介绍几种较为实用的金属氧化物陶瓷湿度传感器。

(1) $MgCr_2O_4$-$TiO_2$ 陶瓷湿度传感器

$MgCr_2O_4$-$TiO_2$ 陶瓷湿度传感器的结构如图 3-10 所示。$MgCr_2O_4$-$TiO_2$ 陶瓷片的两面涂覆有多孔金电极，金电极与铂-铱合金制成的引线烧结在一起。为了提高测量精度，在陶瓷片的外围设置由镍铬丝制成的加热线圈，加热线圈用于陶瓷湿度传感器使用之前需预先加热，一般加热一分钟左右以达到除污的效果。

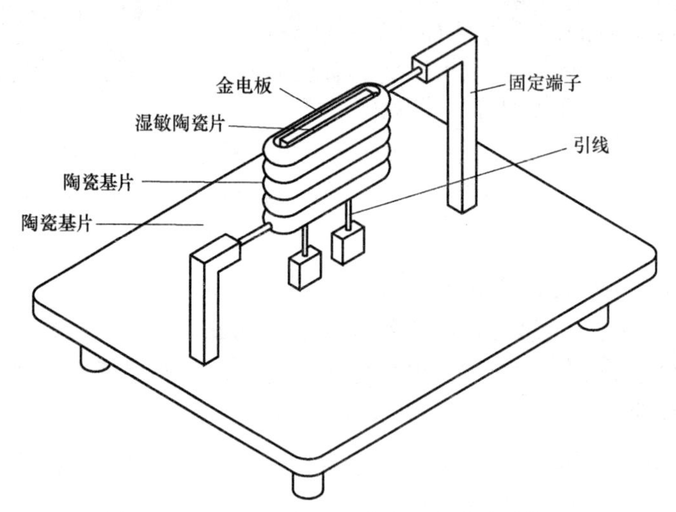


图 3-10 $MgCr_2O_4$-$TiO_2$ 陶瓷湿度传感器结构

图 3-11 描述了 $MgCr_2O_4$-$TiO_2$ 陶瓷湿度传感器的相对湿度与电阻值之间的关系，由图 3-11 可知，传感器的电阻值，既又随测试环境的湿度增加而减小，又受到测试环境温度的影响。

$MgCr_2O_4$-$TiO_2$ 陶瓷湿度传感器在使用之前应预先加热 1min 左右，以消除由于油污以及各种有机蒸汽所带来的污染防止其性能恶化。

(2) NiO 陶瓷湿度传感器

NiO 陶瓷湿度传感器的核心材料是镍金属氧化物烧结而成的多孔陶瓷体，它的结构以及外形如图 3-12 所示。在 NiO 多孔陶瓷体的两端有多孔电极，电极由引线引出传感器的外部。为了减少恶劣环境对传感器性能的影响，在电极的外部还设置有过滤装置。整个器件安装在塑料外壳内。

NiO 陶瓷湿度传感器利用其微细多孔的特性，吸附或者释放水分子，使电阻值发生变化。其特点是稳定性好、寿命较长，并且对一些有机蒸气有较好的抗污染能力。

表 3-2 列出了国产 UD-8NiO 湿度传感器的基本参数。

除此之外，还有一种名为 $ZnO-Cr_2O_3$ 的陶瓷湿度传感器，它的结构形式与 NiO 陶瓷湿度传感器较为相似。这种传感器能稳定连续地测量湿度，且不需要经过预先加热除污过程便可以直接测量湿度。

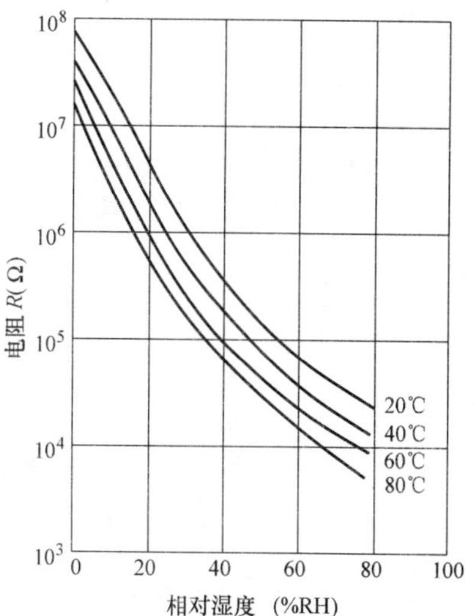


图 3-11　陶瓷湿度传感器的相对湿度与电阻值之间的关系

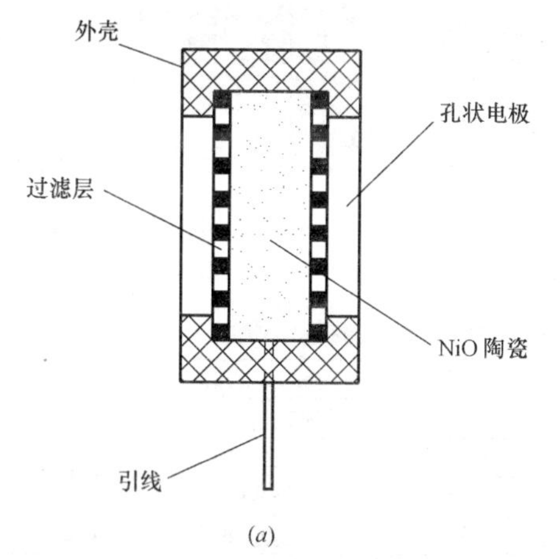


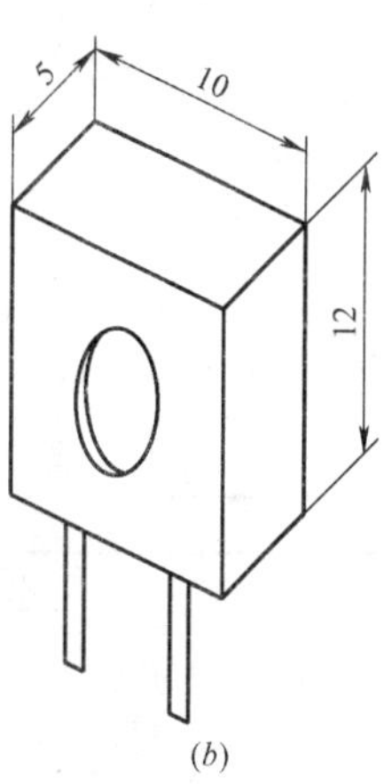


(*a*)　(*b*)

图 3-12　NiO 陶瓷湿度传感器的外形及结构

(*a*) 结构；(*b*) 外形

**国产 UD-8NiO 湿度传感器的基本参数**　**表 3-2**

| 项目 | 参数 | 项目 | 参数 |
|---|---|---|---|
| 湿度测量范围(%RH) | 5～90 | 响应时间(s) | ≤3 |
| 工作温度范围(℃) | 0～60 | 工作频率(Hz) | 50～100 |
| 测量精度(%RH) | ±2 | 工作电压(V) | 1(AC) |
| 湿滞(%RH) | <3 | 温度系数(%RH/℃) | 0.5 |
| 稳定性(%RH/年) | 1～2 | 成分及结构 | NiO 烧结体 |

(3) $TiO_2-V_2O_5$ 陶瓷湿度传感器

同前面介绍的几种湿度传感器类似，$TiO_2-V_2O_5$ 陶瓷湿度传感器也是利用多孔陶瓷烧结体在湿度发生变化时吸附或者释放水分子而产生电阻变化的原理制成的。为了提高测量精度，$TiO_2-V_2O_5$ 陶瓷元件的周围设置有铁铬铝丝材料制成的热清理线圈，相对湿度的测量方法同前面介绍过的几种传感器相同，也是通过测量电极间的电阻阻值来确定相对湿度的大小。

图 3-13 和图 3-14 分别给出了 CGS-H 型湿度传感器的相对湿度与电阻之间的关系以及电阻与温度之间的关系。

通过传感器的温度与电阻的特性曲线图可以清晰地看到，CGS-H 型湿度传感器具有良好的高温性能，越来越多地被人们应用于高温环境湿度的测量中。表 3-3 是此种传感器的基本参数。

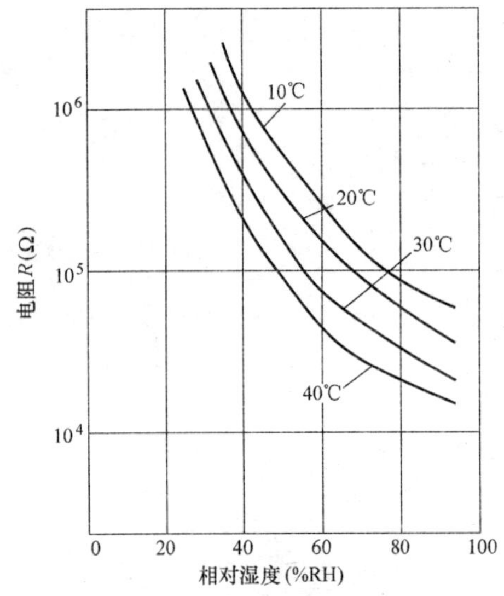


图 3-13　CGS-H 湿度传感器的相对湿度与电阻之间的关系

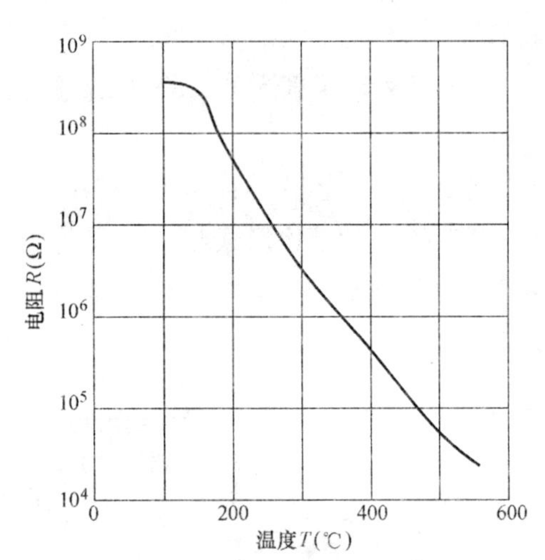


图 3-14　CGS-H 湿度传感器温度与电阻之间的关系

**国产 UD-8NiO 湿度传感器基本参数**　　**表 3-3**

| 项目 | 参数 | 项目 | 参数 |
|---|---|---|---|
| 湿度测量范围(%RH) | 0～100 | 加热器电压 | <10 |
| 工作温度范围(℃) | 1～150 | 加热器电阻丝 | Φ0.03mm、5Ω |
| 耐热温度范围(℃) | <600 | 工作电压(V) | <15 |
| 尺寸(mm) | 5×2.8×1.5 | 电极丝(mm) | 铂 Φ0.05 |

## 四、金属氧化物膜湿度传感器

$Cr_2O_3$、$Fe_2O_3$、$Al_2O_3$、$Fe_3O_4$、$Mg_2O_3$、ZnO 以及 $TiO_2$ 等金属氧化物的细粉，吸附水分后有极快的速干特性。金属氧化物膜湿度传感器就是利用这种速干特性研制出的。

金属氧化物膜湿度传感器的结构如图 3-15 所示，其制作方法为：(1) 在陶瓷基片上制作钯银梳状电极；(2) 将调制好的金属氧化物的糊状物加工在陶瓷基片及电极上；(3) 采用烧结或烘干方法使金属氧化物的糊状物固化成膜。这种膜可以吸附或释放水分子而改变传感器的电阻值，通过测量其电阻值即可

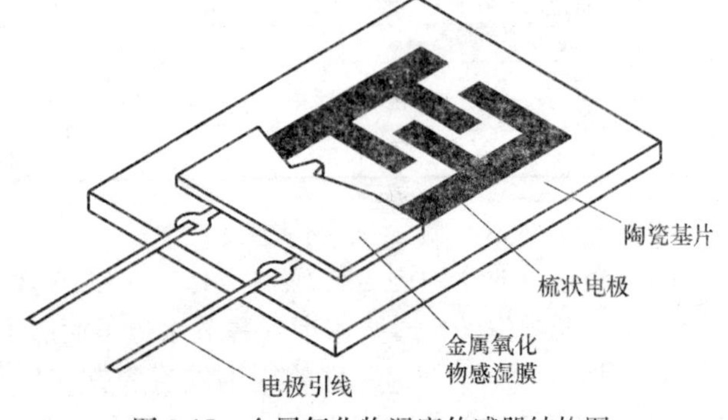


图 3-15　金属氧化物湿度传感器结构图

确定相对湿度的大小。

金属氧化物膜湿度传感器的特点是：传感器电阻的对数值与湿度呈线性关系，具有测湿范围及工作温度范围宽的优点，使用寿命在 2 年以上。

表 3-4 列出了一些国内这类传感器的基本参数。

**国产金属氧化物膜传感器的基本参数** **表 3-4**

| 项目 | BTS-208 型 | CM8-A 型 |
|---|---|---|
| 湿度测量范围(%RH) | 0～100 | 10～98 |
| 工作温度范围(℃) | －30～150 | －35～100 |
| 测量精度(%RH) | ±4 | ±2 |
| 湿滞(%RH) | 2～3 | 1 |
| 响应时间(s) | ≤60 | ≤10 |
| 工作频率(Hz) | 100～200 | 40～1000 |
| 工作电压(V) | <20(AC) | 1～5(AC) |
| 温度系数(%RH/℃) | 0.12 | 0.12 |
| 稳定性(%RH/年) | <4 | <1～2 |
| 成分及结构 | 氯化镁、氧化铬厚膜 | 硅镁氧化物薄膜 |

## 第五节　饱和盐溶液湿度校正装置

湿度计的标定和校正需要具备两个条件：空气的相对湿度恒定；空气的相对湿度已知，可作为标定和校正的标准。标定与校正的方法有重量法、双压法、双温法等。饱和盐溶液湿度校正装置是基于双温法对湿度计进行标定和校正的典型装置，它具有结构简单、可靠性好等优点。

当空气温度不变时，由空气和水组成的封闭空间里，如果时间足够长，空气将达到饱和状态，则水蒸气分压力达到空气温度下的饱和压力。若在水中加入盐类，则溶液中的水分蒸发会受到抑制，使空气中水蒸气饱和分压力降低，则相对湿度降低。

当溶液为饱和盐溶液时，水蒸气饱和分压力达到该温度下最低值，称为饱和盐溶液的饱和蒸汽压。在相同温度下，不同盐类饱和溶液的饱和蒸汽压不同，即对应的饱和空气相对湿度不同（见表 3-5）。因此，只要保证盐溶液处于饱和状态，它所对应的饱和空气的相对湿度也就为定值，利用这个性质便可以对湿度计进行校正。

**各类饱和盐溶液对应的相对湿度数值** **表 3-5**

| 盐类溶液 | 相对湿度(%) | 空气温度(℃) | 盐类溶液 | 相对湿度(%) | 空气温度(℃) |
|---|---|---|---|---|---|
| $LiCl \cdot H_2O$ | 11.7 | 26.68 | $NaBr \cdot 2H_2O$ | 57.0 | 26.67 |
| $KC_2H_3O_2$ | 22.5 | 26.57 | $NaNO_4$ | 72.6 | 26.67 |
| KF | 28.5 | 26.65 | NaCl | 75.3 | 26.68 |
| $MgCl_2 \cdot 6H_2O$ | 33.2 | 26.68 | $(NH_4)_2SO_4$ | 79.5 | 26.67 |
| $K_2CO_2 \cdot 2H_2O$ | 43.6 | 26.67 | $KNO_4$ | 92.1 | 26.68 |
| $Na_2Cr_2O_7 \cdot 2H_2O$ | 52.9 | 26.67 | — | — | — |

图 3-16 是根据上述原理制成的饱和盐溶液湿度校正装置的示意图。

饱和盐溶液湿度校正装置处部为封闭的长方体金属箱子，中间的隔板把箱体分为上、下两部分。上部为标定室和小室。标定室中装有调节与测定室内温度的温度调节器和温度计，另外还有测定空气露点温度用的光电式露点温度计。小室内有风机及电加热器，风机用于使箱体上、下部分空气循环流动，电加热器和冷却盘管受温度调节器的控制，用于恒定箱体内的空气温度。箱体下部为储有饱和盐溶液的器皿，空气通过循环流动与溶液进行湿交换。当湿交换达到平衡时，箱体内空气的相对湿度就为该饱和盐溶液所对应的相对湿度。用光电式露点温度计测得箱内空气的露点温度，再根据箱内温度计测出的箱内空气的干球温度值，可得箱内空气的相对湿度。进而可对标定室内的湿度计进行校正与标定。标定与校正的精度一般可达±1%。

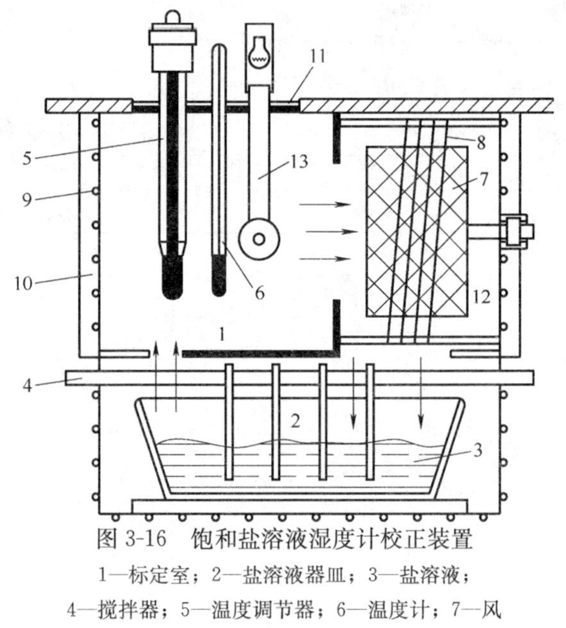


图 3-16　饱和盐溶液湿度计校正装置

1—标定室；2—盐溶液器皿；3—盐溶液；4—搅拌器；5—温度调节器；6—温度计；7—风机；8—电加热器；9—冷却盘管；10—保温层；11—盒盖；12—小室；13—光电式露点湿度计

# 第四章　压 力 测 量

压力是热力学重要的状态参数之一，是指垂直作用在单位面积上的力，它在物理学中也常称为压强。在工业生产过程中压力具有特殊的意义，如果压力达不到工作要求，不仅会影响工作效率，严重时还可能会出现安全事故。而有些不易测定的参数往往也需要通过测出压力或压力差而间接获得，例如流速、流量、液位等。

压力的计算公式为：

$$p=F/S \tag{4-1}$$

式中　$F$——垂直而均匀的作用在物体上的力，N；

$S$——力 $F$ 作用的面积，$m^2$；

$p$——压力，Pa。

在国际单位制（SI）中，压力的单位是帕斯卡，简称“帕”，符号为“Pa”。

$$1Pa=1N/m^2=1\frac{kgm}{m^2s^2}=1kg/(m^1\cdot s^2) \tag{4-2}$$

即 1N 的力垂直均匀作用在 $1m^2$ 的面积上所形成的压力值为 1Pa。

在工程中还有其他几种压力单位，毫米水银柱：标准状态下高 1mm 水银柱对底面的压力；毫米水柱：标准状态下高 1mm 水柱对底面的压力；工程大气压：垂直作用于单位平方厘米面积上 1 千克力的压力，单位为（千克力/平方厘米）；标准大气压表示为在水银温度为 273.15K 时和重力加速度为 $9.80665m/s^2$ 下高 760mm 水银柱对底面的压力；气象学中还用“巴”（bar）和“托”作为压力单位；“PSI” 单位多应用于欧美等国家。

各种不同压力单位间的相互换算关系如表 4-1 所示。

**不同压力单位间换算表**　　　　**表 4-1**

| 压力单位 | 帕 (Pa) | 标准大气压 (atm) | 毫米汞柱 (mmHg) | 毫米水柱 ($mmH_2O$) | 工程大气压 ($kgf/cm^2$) | 巴 (bar) |
|---|---|---|---|---|---|---|
| 帕(Pa) | 1 | $9.87\times10^{-6}$ | $7.501\times10^{-3}$ | 0.102 | $1.02\times10^{-5}$ | $10^{-5}$ |
| 标准大气压 (atm) | $10.13\times10^4$ | 1 | 760 | $1.033\times10^4$ | 1.033 | 1.013 |
| 毫米汞柱 (mmHg) | 133.3 | $1.316\times10^{-3}$ | 1 | 13.6 | $13.6\times10^{-4}$ | $1.333\times10^{-3}$ |
| 毫米水柱 ($mmH_2O$) | 9.806 | $0.9678\times10^{-4}$ | $7.356\times10^{-2}$ | 1 | $10^{-4}$ | $9.806\times10^{-5}$ |
| 工程大气压 ($kgf/cm^2$) | $9.806\times10^4$ | 0.9678 | 735.56 | $10^4$ | 1 | 0.9806 |
| 巴(bar) | $10^5$ | $9.87\times10^{-4}$ | 0.7501 | 10.2 | $0.102\times10^{-2}$ | 1 |

需要说明的是，常用的压力表、U形表等的指示值是表压力，即相对压力，指超出当地大气压的压力值，如果以真空为压力的测量基点，所测得的压力称为绝对压力。

绝对压力=表压力+大气压力

通常，把高于大气压力的表压力称为正压力，简称压力，低于大气压力的表压力称为负压，负压的绝对值也称作“真空度”。在差压计中压力高的一侧称为正压，压力低的一侧称为负压，而这个负压并不一定低于大气压力。

本章着重介绍两种常见的压力测量仪器：液柱式压力计和弹性式压力计，并简要地介绍几种压力传感器。

## 第一节　液柱式压力计

液柱式压力计是根据静力学原理，利用一定高度的液柱来平衡被测压力，通过液柱高度反映被测压力大小。这类压力计的优点是结构简单，使用方便，测量的准确度高，反应灵敏；缺点是测压范围较窄，受液柱高度限制，玻璃管易受破坏，读数不方便，所以多用用于测量低压、负压和压差。

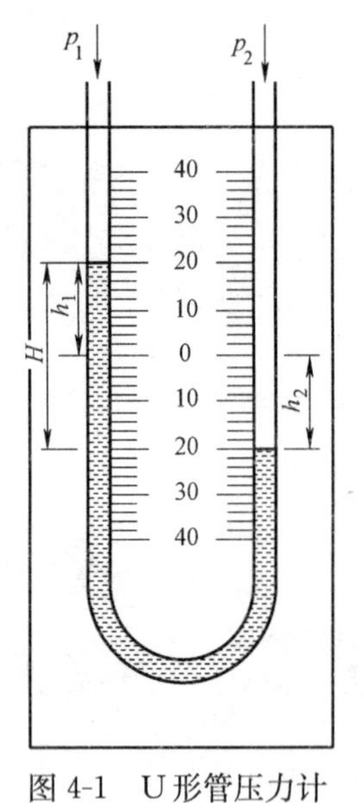

图 4-1　U形管压力计

### 一、U形管压力计

如图 4-1 所示，U形管压力计由两端开口的垂直U形玻璃管及垂直放置的有双边刻度的标尺构成。U形管内盛有一定量的工作液体，测量时，U形管一端与大气相通，另一端与被测压力的空间相通。当被测压力与大气压力相同时，两管中自由液面同处于标尺中央零刻度；当被测压力>大气压力时，与大气相通的液柱较高；当被测压力<大气压力时，与大气相通的液柱较低。两侧液柱产生的高度差 $H$ 即为被测的表压力或真空度。

$$p=p_2-p_1=\rho gH \tag{4-3}$$

式中　$p$——被测工作压力，Pa；

$p_2$——被测绝对压力，Pa；

$p_1$——当地大气压，Pa；

$\rho$——工作液体密度，kg/m$^3$；

$g$——重力加速度，m/s$^2$；

$H$——液柱高度差，m。

其中

$$H=h_1+h_2$$

常用的U形管压力计的工作液体有：水、水银、酒精、四氯化碳等。U形管的液柱高度差一般可用眼睛直接读取，读数时视线应与液面平齐，取液面弯月面顶部切线处数值。当标尺刻度分格值为 1mm 时，两边读数的总绝对误差可达到 2mm。因此，在选用工作液体时，尽量选取密度较低的液体，以增大液柱高度差，提高压力计的灵敏度。

U形管压力计产生的误差主要有：（1）安装误差。在U形管压力计放置不垂直时，将会产生安装误差；（2）读数误差。由于管内工作液的毛细作用，液柱高度会产生附加升高或降低，其大小与管的内径、工作液的种类等有关。（3）重力加速度误差。随着纬度的变化，重力加速度也会变化，故使用压力计时，尽量选用当地重力加速度值计算，以减少误差。(4) 温度误差。由于周围环境温度的变化而引起的误差，温度变化会引起工作液密度变化，同时根据热胀冷缩原理，标尺长度也会发生相应变化。

## 二、单管式压力计

单管式压力计是 U 形管压力计的一种变形，它把 U 形管的一侧改为大直径、大容量的杯子替代，故也称杯型压力计，如图 4-2 所示。与 U 形管压力计相比，单管式压力计测量时只读一次，降低了读数误差。测压时，被测压力通到杯子一侧，肘管一侧液柱高度升高 $h_1$，杯型粗管一侧下降 $h_2$，由于 $h_2$ 可忽略不计，根据等体积原理，可知：

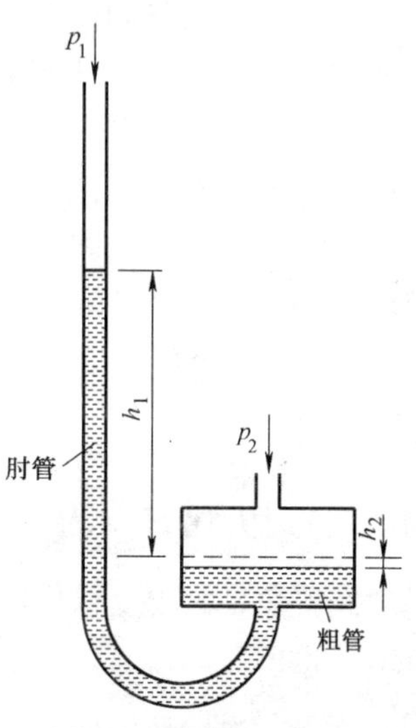

图 4-2　单管式压力计

$$h_1A_1=h_2A_2 \tag{4-4}$$

式中　$A_1$——肘管截面积，$m^2$；

$A_2$——粗管截面积，$m^2$。

根据式 $p=p_2-p_1$ 可知：

$$p=p_2-p_1=\rho g(h_1+h_2)=\rho gh_1\left(1+\frac{A_1}{A_2}\right) \tag{4-5}$$

由于 $A_2$ 远大于 $A_1$，$\left(1+\frac{A_1}{A_2}\right)\approx1$，上式可变为

$$p_0=\rho gh_1 \tag{4-6}$$

因此，当单管压力计中工作液体密度确定后，只需读取一次液柱高度，就可以计算出被测压力。

以水作为工作液体时，单管式压力计的测量范围一般为 $-1.47\times10^4\sim1.47\times10^4$ Pa，水银作为工作液体时，范围一般为 $-2.0\times10^4\sim2.0\times10^4$ Pa。

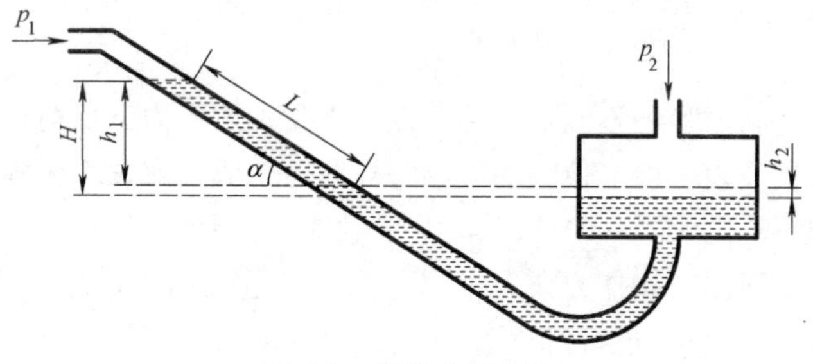

图 4-3　斜管式压力计

## 三、斜管式压力计

由于单管式压力计的灵敏度不高，可以将细管改为一个倾斜角度可调的斜管，这样可以加长液柱的高度，从而可以提高读数的精度。斜管式压力计主要用于测量微小的正压、负压和差压。

斜管式压力计的原理是（见图 4-3）：测量压力时，将较高的压力从大容器端口处引入，而将较低的压力通入斜管中，由于压差的作用，大容器内工作液面下降，而肘管的液柱升高，可得下列等式：

$$H=h_1+h_2 \tag{4-7}$$

$$h_2=L\sin\alpha;h_1=L\left(\frac{A_1}{A_2}\right) \tag{4-8}$$

式中 $A_1$——容器的截面积，$m^2$；

$A_2$——斜管的截面积，$m^2$。

$h_1$——斜管内液体上升的高度，m；

$h_2$——大容器内液体下降的高度，m；

$L$——斜管内液体上升的长度，m；

$\alpha$——斜管倾斜角度。

所以

$$p=p_2-p_1=\rho gL\left(\sin\alpha+\frac{A_1}{A_2}\right) \tag{4-9}$$

上式中 $\rho$、$A_1$、$A_2$ 均为已知量，当倾斜角 $\alpha$ 确定后，斜管中的长度 $L$ 即反映被测压力 $p$，此时 $L$ 比 $H$ 放大了 $1/\sin\alpha$ 倍，所以读数的相对误差可以减小，提高读数的精度。随着倾斜角 $\alpha$ 的改变，$\left(\sin\alpha+\frac{A_1}{A_2}\right)$也相应改变，故可以改变压力测量范围，显然，在同一种工作液体、仪表刻度也相同的情况下，斜管倾斜角度 $\alpha$ 越小，其灵敏度越高。但根据实验得知，斜管的倾斜角一般不小于 15°，这是因为 $\alpha$ 太小，使得液面拉长，且容易冲散，读数会比较困难，反而增加了读数误差。

由于酒精的密度较低、表面张力较小，故常作为斜管式压力计的工作液体，以提高压力计的灵敏度。斜管式压力计的测量范围一般为 $0\sim\pm2.0\times10^3$Pa，精度为 0.5～1 级，最小可测量到 1Pa 的微压。使用该压力计时，其零位刻度在刻度标尺的下端，需放置水平，调好零位。

## 第二节　弹性式压力计

弹性式压力计是利用各种不同形式的弹性元件受被测压力（负荷）的作用产生弹性变形位移而制成的测量仪表，变形位移的大小与被测压力成正比关系。弹性压力计在工业上应用十分广泛，测压范围为 $0\sim10^3$MPa，常常做成气压计、通风计、真空计等。弹性压力计的特点是：结构简单，操作方便，牢固可靠，测量范围广，造价低，有足够的精度，可以安装在各种设备上，经过特殊途径制成的压力计还可以在腐蚀、振动、易堵等恶劣的环境条件下工作。

弹性压力计主要由弹性元件、变换放大机构、指示机构和调整机构等组成。按弹性元件不同，弹性式压力机可分为膜片式、波纹管式和弹簧管式三类。

### 一、弹性元件的特性和材料

弹性元件是仪表的核心部分，是弹性压力计的测压敏感元件。相同压力下，不同材料、不同结构的弹性元件产生的弹性变形也不尽相同，弹性元件通常用铍青铜、磷青铜等材料制成。弹性元件的特性主要是指其弹性特性、刚度和灵敏度。

在压力的作用下，弹性元件产生相应的变形位移，这种变形位移与压力之间的关系，就称为弹性元件的弹性特性。解析法可表示为下式：

$$S=f(p) \tag{4-10}$$

式中 $S$——弹性元件的位移；

$p$——作用在弹性元件上的压力。

除了解析法之外，还可绘制出变形位移与压力之间的关系来表示弹性特性，称为弹性特性曲线。弹性特性曲线有线性和非线性两种情况，如图 4-4 所示。

在一定压力（负荷）作用下，弹性元件发生单位变形位移，这种压力（负荷）的大小称为弹性元件的刚度，用符号 $K$ 表示。弹性元件的灵敏度是指弹性元件承受单位压力（负荷）所产生的位移，用符号 $S$ 表示。由定义可知，刚度和灵敏度互为倒数，二者是弹性元件弹性特性的两种表现形式，即：

$$K \cdot S=1 \tag{4-11}$$

弹性元件的材料往往决定了弹性元件性能的好坏，弹性元件一般对材料有以下几点要求：(1) 弹性滞后和弹性后效要小。弹性滞后和弹性后效是造成仪表回差和零位误差的主要因素。(2) 弹性元件的稳定性和耐腐蚀性要好。(3) 弹性极限和强度极限要高。

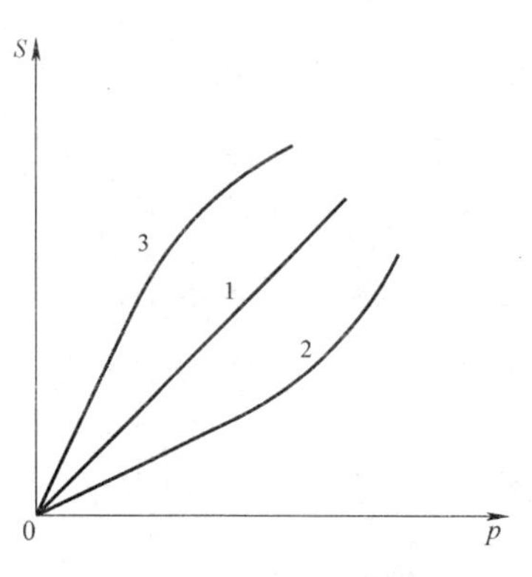


图 4-4 弹性特性曲线

1—线性曲线；2、3—非线性曲线

## 二、膜盒式

膜盒式压力计的弹性敏感元件是圆形膜状的膜片，当膜片的两端受到不同压力的作用时，由于压力差的关系，膜片中心将产生位移，由此可以测得压力。按工作面形状分类，膜片主要有平膜、波纹膜和挠性膜三种。

平膜是最简单的一种，它是将平膜片沿周边固定在仪表基座上，压力作用在平膜片上使平膜中心产生位移，当中心位移不超过平膜片厚度的一半时，压力与位移之间近似为线性关系。平膜片常用于测量较高的压力。

波纹膜片在实际中最常用，它是有波纹的圆形金属膜片，与平膜片相比，它的容许位移较大，灵敏度高，工作可靠性更好。波纹膜片的主要影响因素有膜片材料、膜片厚度、膜片工作直径以及波纹形状、波纹深度和外缘波纹等。波纹膜片主要用于测量低压和真空。

挠性膜片一般用丁腈橡胶制成，中央部分用两块小金属圆片夹持，一般情况下，挠性膜片与线性较好的弹簧相连，起到压力隔离作用，主要用于测量较低压力和真空。

将两块膜片沿其周边密封焊接起来，组成一薄膜盒子，称为膜盒，其变形位移相对于单块膜片更大，如果要更大的位移，可以将几个单膜盒串联起来使用。膜盒式压力计常用于测量火电厂风道的风压、炉膛和烟道尾部负压等。

作为感压元件的膜片、膜盒，其准确度要比仪表的准确度高；同时为克服摩擦力，其必须有足够大的弹性变形，以带动传动机构和指针转动。一般情况下，当被测压力大于 60kPa 时，常选用膜片作为弹性元件，若被测压力小于 40kPa 时，则选用膜盒。

## 三、弹簧管式

弹簧管压力计应用非常广泛，它具有结构简单、测量范围广、价格低廉、工作可靠、使用方便、读数直接等特点，它主要由弹簧管、齿轮传动机构（包括拉杆、扇形齿轮、中心齿轮）、示数装置（指针和分度盘）以及外壳等几部分组成（见图 4-5）。

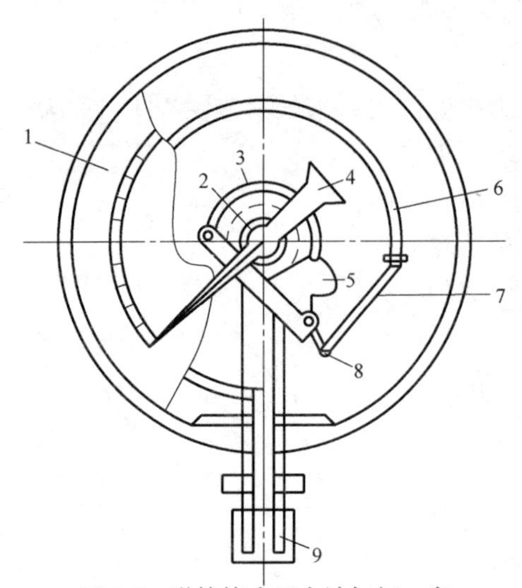


图 4-5 弹簧管式压力计杠杆—扇形齿轮传动机构

1—面板；2—中心小齿轮；3—游丝；4—指针；5—扇形齿轮；6—弹簧管；7—拉杆；8—螺钉；9—表接头

弹簧管式压力计可用于高、中、低压的测量，其测压范围为 0～9.81×10$^8$Pa，精度等级为 0.5～2.5 级。使用时，应根据被测压力的大小选择适当测量范围的弹簧管式压力计，压力计的安全系数应在允许范围之内，同时必须注意被测介质的化学性质，以免发生化学反应，影响测量结果。例如，测量氨气的压力时，应采用不锈钢弹簧管。

弹簧管是由法国人波登发明的，故又称作波登管。它是一根弯成圆弧形的金属管，管子截面是扁圆形或椭圆形，管子的一端封闭称为自由端，另一端开口且固定在仪表基座上，称为固定端。当固定端承受被测压力，弹簧管截面形状趋于圆形，并伴有伸直趋势，其结果导致自由端产生位移，然后通过机械传动机构带动压力表指针偏转，指示被测压力。弹簧管在去除压力后，并不能马上恢复到原状，故会影响测量的精度，在一定压力下，弹簧管的输出位移除取决于弹簧管的材料性质（弹性模量和泊松系数）、壁厚、截面形状、圈径等参数以外，还与弹簧管的原始中心角成正比。为了减少弹性后效，弹簧管的可靠工作压力，最高不应超过弹性元件弹性极限的 50%。弹簧管有单圈和多圈之分，多圈弹簧管自由端的位移量较大，灵敏度也比单圈弹簧管高。

单圈弹簧压力计在电厂中应用较多，按机械传动方式分，主要有杠杆传动机构和曲柄连杆机构，最常用的传动机构是杠杆—扇形齿轮机构，弹簧管的自由端位移通过拉杆直接带动扇形齿轮转动，扇形齿轮又带动仪表指针的中心小齿轮转动，从而使仪表指针偏转，此机构的指针可转动 270°～280°。它的特点是结构简单、抗振动性能好，适合于测量脉动压力，但其灵敏度不高。曲柄连杆结构的弹簧管压力表，它由滑块（相当于弹簧管的自由端）、曲柄（相当于扇形齿轮的尾部）和连杆（相当于拉杆）组成，其间都用铰链连接。这种压力表不适合于测量波动大的压力。

多圈弹簧管压力计是将弹簧管下端固定在仪表壳上，上端与转轴连接，接通压力后，弹簧管变形使转轴旋转，其旋转角度与被测压力大小成比例，指出被测压力的大小。

**四、波纹管式**

波纹管是一种具有等间距的同轴环状波纹薄壳管。当它受到横向力作用时，将在轴向平面内弯曲；在受到轴向力作用时，能产生较大的位移（见图 4-6）。利用这种特性，波纹管可作为压力或力转换成位移的感压元件。另外，可以利用其体积的可变性补偿仪器的温度误差；还可以用作密封隔离元件，防止有害流体进入设备。波纹管测压的特点是位移相对较大，灵敏度高，用于低压或差压测量。

波纹管受到轴向的作用力 $F$ 与产生的位移的关系式为：

$$x=F\cdot\frac{1-\mu^2}{En_0}\cdot\frac{n}{A_0+aA_1+a^2A_2+B_0h_0^2/R_B^2} \qquad (4\text{-}12)$$

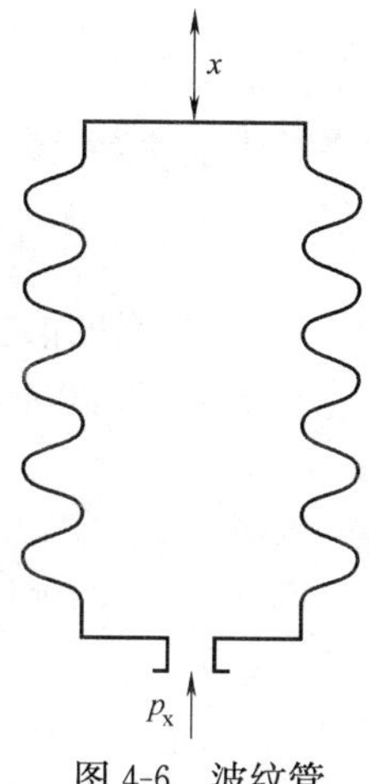

图 4-6　波纹管

式中　$\mu$——泊松系数；

$E$——弹性模数；

$\alpha$——波纹平面部分的倾斜角；

$R_B$——波纹管的外径；

$h_0$——非波纹部分的壁厚；

$n$——完全工作的波纹数；

$A_1$、$A_2$ 和 $B_0$——与材料有关的系数。

因此，对于某一确定材料和形状的波纹管，只要测定其有关的系数，便可通过式（4-12）确定这波纹管所受轴向力与其产生的位移的关系，进而可以对利用这种波纹管制作的压力计进行标定。

按结构材质的不同，波纹管可分为金属波纹管和非金属波纹管。金属波纹管主要应用于补偿管线热变形、减震、吸收管线沉降变形；塑料波纹管既具有足够的抗冲击和抗压强度，又具有良好的柔韧性，按照层数的不同，可分为单层波纹管和多层波纹管。单层波纹管在静载荷作用下起位移补偿的作用；多层波纹管多应用于受交变载荷作用或较为重要的管线。

## 第三节　压力（差压）传感器

一般来讲，压力传感器是指能够感受到被测压力并且按照一定规律转换成可识别信号的仪器。压力传感器在各种工业自控环境中应用相当普遍，它主要由敏感元件、转换元件和测量元件三部分组成。

### 一、应变片式压力传感器

物体受到压力作用后会产生内应力和弹性变形，在其弹性限度内，内应力与应变量成一定关系，表现为胶合在弹性元件上或与弹性元件制成一体的应变片的电阻发生变化，这一变化经过转化变成电压信号进行输出，从而通过测量电压的大小得出压力的大小。应变片由金属或半导体材料制成。

从物理学可知，长为 $L$，截面积为 $S$ 的材料其电阻值为：

$$R=\rho\frac{L}{S} \qquad (4\text{-}13)$$

式中　$\rho$——材料的电阻率。

对上式两边取对数并微分可得：

$$\frac{dR}{R}=\frac{dL}{L}-\frac{dS}{S}+\frac{d\rho}{\rho} \qquad (4\text{-}14)$$

由上式可知，电阻值的大小是电阻长度 $L$、横截面面积 $S$ 和材料的电阻率 $\rho$ 三者的变化率综合作用的结果。

若 $D$ 为电阻的直径，则由 $S=\frac{\pi D^2}{4}$，两边取对数并微分可得：

$$\frac{dS}{S}=2\frac{dD}{D} \tag{4-15}$$

又从力学可知，轴的纵向应变与横向应变的关系为：

$$\frac{dD}{D}=-\lambda\frac{dL}{L} \tag{4-16}$$

式中　$\lambda$——材料的泊松系数。

由以上几式可得：

$$\frac{dR}{R}=\frac{dL}{L}(1+2\lambda)+\frac{d\rho}{\rho}=\varepsilon(1+2\lambda)+\frac{d\rho}{\rho} \tag{4-17}$$

式中　$\varepsilon$——电阻的纵向应变，其中 $\varepsilon=dL/L$。

因而

$$K=\frac{dR}{R}\frac{1}{\varepsilon}=(1+2\lambda)+\frac{d\rho}{\rho}\frac{1}{\varepsilon} \tag{4-18}$$

式中　$K$——应变片的纵向灵敏度，即单位纵向应变所引起的电阻变化率。

对于金属材料来说，$\frac{d\rho}{\rho}\frac{1}{\varepsilon}$产生的压阻效应很小，电阻的变化主要是由于其本身几何尺寸的变化引起的，即 $K\approx1+2\lambda$，称为几何应变效应。

对于半导体材料来说，几何应变效应可以忽略不计，因此可知 $K\approx\frac{d\rho}{\rho}\frac{1}{\varepsilon}$，称为半导体的压阻效应。

半导体的电阻率 $\rho$ 与晶体中的载流子数目 $N_i$ 和平均迁移率 $\mu_{av}$ 有如下关系：

$$\rho=\frac{1}{eNi\mu av} \tag{4-19}$$

式中　$e$——电子荷电量。

半导体受到应力作用会引起载流子数目和平均迁移率的变化，变化的大小与所采用的半导体材料、载流子速度、晶格上应力作用的方向有关。对于简单的纵向伸缩，半导体电阻率变化与应力的关系为：

$$\frac{\Delta\rho}{\rho}=\alpha_L\sigma \tag{4-20}$$

式中　$\alpha_L$——半导体材料的纵向压阻系数；

　　$\sigma$——应力。

所以半导体应变片的纵向灵敏度 $K$ 为：

$$K=\frac{\Delta R}{R}\frac{1}{\varepsilon}=(1+2\lambda)+\frac{\Delta\rho}{\rho}\frac{1}{\varepsilon}\approx\frac{\Delta\rho}{\rho}\frac{1}{\varepsilon}=\frac{\alpha_L\sigma}{\varepsilon}=\alpha_L E \tag{4-21}$$

式中　$E$——半导体材料的弹性模量，即应力与应变之比。

因此，半导体应变片的灵敏度 $K$ 与其压阻系数一样，与半导体材料掺杂浓度、扩散层厚度、应力相对于晶轴的取向等因素都有关系。

### 二、霍尔片式压力传感器

霍尔片式压力传感器属于位移式压力传感器，它是利用霍尔效应，把弹性元件在压力作用下所产生的变形转变成电势输出的传感器。如图 4-7 所示，对一半导体制成的薄片

（称为霍尔元件或霍尔件），在 $Z$ 轴正方向上，施加磁感应强度为 $B$ 的磁场，在 $Y$ 轴方向上通一定大小的控制电流 $I$，由于电磁力的作用，$X$ 轴方向将出现电位差，称为霍尔电势。这种物理现象称为霍尔效应。

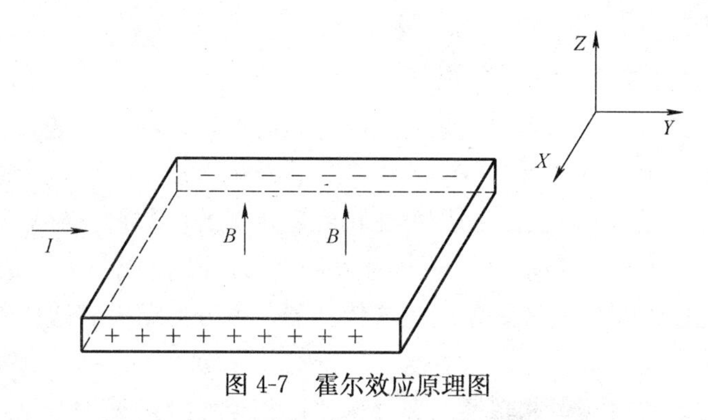


图 4-7　霍尔效应原理图

图 4-8 为霍尔效应压力传感器的结构示意图。在磁感应强度为 $B$ 有均匀梯度的磁场内 $\left(-\frac{1}{2}y\sim+\frac{1}{2}y\right)$ 放置一个霍尔片，该霍尔片固定在弹性元件上，且与磁力线垂直。磁极极靴之间的磁感应强度和位置成线性关系（图 4-9），当霍尔片处于极靴间隙的正中位置时，霍尔片两半边所处磁场大小相等、方向相反，没有霍尔电势输出；弹性元件受力时，霍尔片跟着产生位移，偏离正中位置，此时霍尔片的两半边位置的磁感应强度不同，于是就有正比于位移的霍尔电势输出。当霍尔片的位移与被测压力成正比时，被测压力与传感器的输出电势成正比。

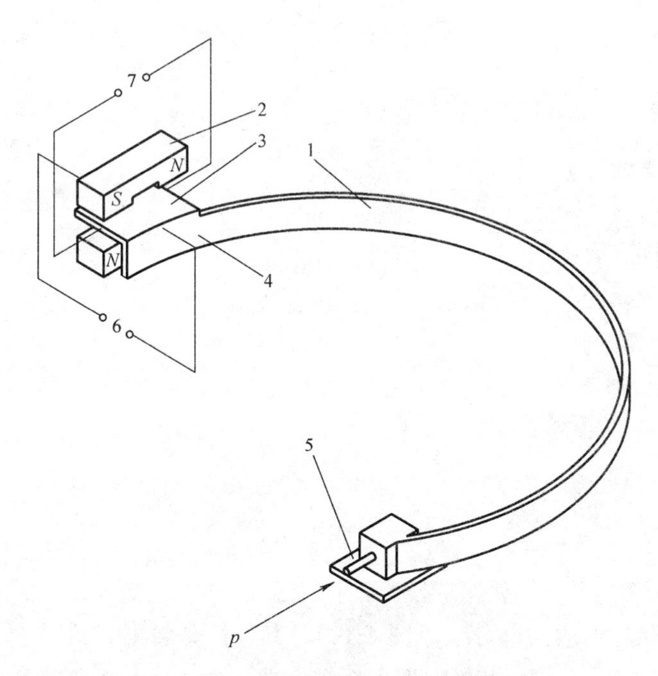


图 4-8　霍尔效应压力传感器结构示意图

1—弹簧管；2—磁钢；3—霍尔片；4—自由端；5—固定端；6—输出电压信号；7—直流稳压电源

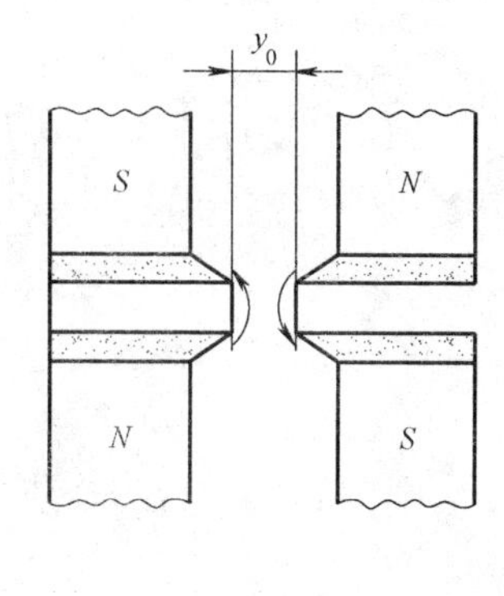


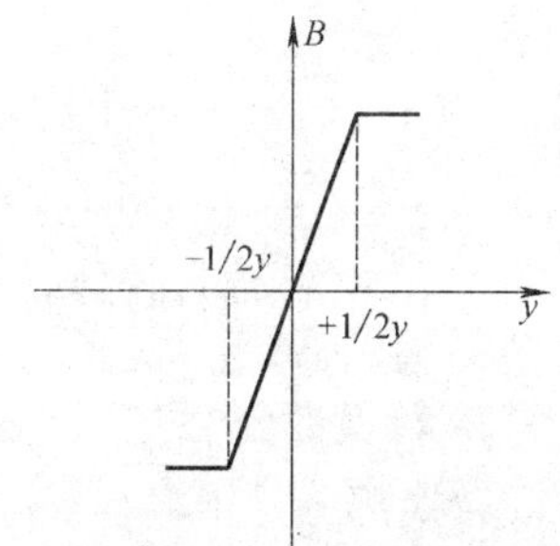


图 4-9　极靴间磁感应强度的分存情况

霍尔元件的灵敏度受温度的影响较大，因此传感器的霍尔电势输出还受环境温度的影响。另外还应注意霍尔元件各处的电阻率、厚度、材料性质等不均匀引起的不等位电势，以免造成测量误差。因为不等位电势的存在，即使霍尔元件处在正中平衡位置，其电势输出也不一定为0。

**三、电容式压力传感器**

简单地讲，电容式压力传感器就是利用电容器的原理，将非电量转换成电容量，其实质是一个具有可变参数的电容器。电容式压力传感器的具体工作原理为以测压弹性膜片作电容器的其中一个电极，膜片随被测压力变化产生相应的位移量，导致膜片与固定电极间的距离也发生改变，产生电容量。这样压力信号就可以转换成与电压成一定关系的电信号。电容式压力传感器属于变极距型电容式传感器，可分为单电容式压力传感器和差动电容式压力传感器。

电容式压力传感器由测量和转换两部分构成。整个变换过程为：

差压→位移→电容→电流→放大输出

1. 测量部分

测量部分指差压→位移转换和位移→电容的转换。对于差压→位移转换，以金属圆形平薄膜片为例，膜片中心位移远小于膜片的厚度时，压力与位移有如下关系：

$$S=\frac{3(1-\lambda^2)}{16}\frac{r^4}{Ed^3}p=K_1 \tag{4-22}$$

式中 $S$——膜片中心位移，m；

$\lambda$——膜片材料的泊松比；

$r$——膜片半径，m；

$E$——膜片材料的弹性模量；

$d$——膜片厚度；

$p$——被测压力，Pa；

$K_1$——比例常数。

由上式可知：位移与压力成线性关系。

对于位移→电容的转换，以两平行固定板之间插一个活动极板为例，有：

$$\frac{C_1-C_2}{C_1+C_2}=KS=KK_1S \tag{4-23}$$

式中 $C_1$、$C_2$——两个固定极板之间的电容量；

$K$——比例常数。

从上式可以看出比值$\frac{C_1-C_2}{C_1+C_2}$与介电常数无关，而与压力成正比。

2. 转换部分

转换部分是指电容→电流转换和电流放大部分（见图4-10），其作用是将电容量的变化转换成标准电流输出信号（4～20mA，DC）。转换电路包括解调器、振荡器、振荡控制扩大器、调零电路、调量程电路、电流控制放大器、电流转换器、电流限制器、反向保护等部分。

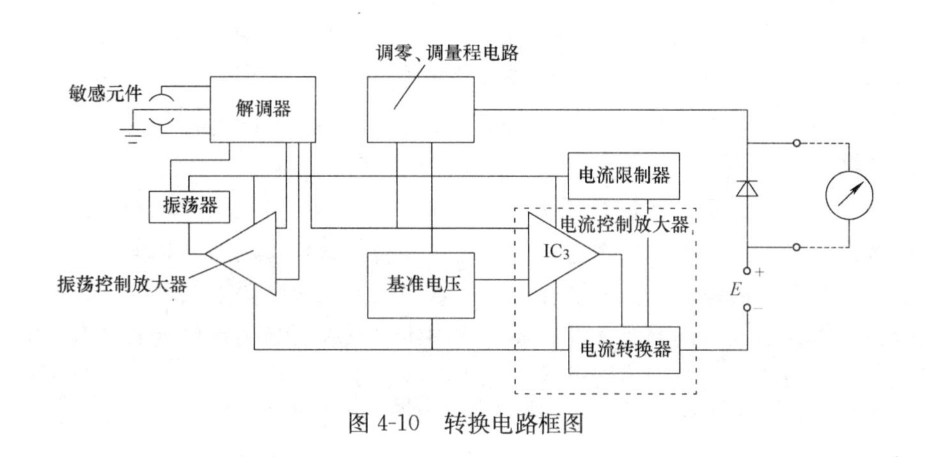


图 4-10　转换电路框图

## 第四节　压力检测仪表的选择与校验

### 一、压力检测仪表的选择

压力检测仪表的选择是一项重要工作，包括仪表类型、量程及精度的选择。正确选用仪表类型是保证测量精度和仪表正常工作及生产安全进行的主要前提，如果选择不当，不仅不能正确、及时地反映被测对象压力的变化，还可能引起事故。所以应根据生产工艺对压力检测的要求、被测介质的特性、现场使用的环境等条件合理地考虑。如生产工艺对压力精度的要求，以及是否需要压力信号现场指示、远传、报警、自动记录等；被测介质有无腐蚀性、温度与压力高低、易燃易爆情况、是否易结晶等；现场环境条件如振动、电磁场等问题。

1. 仪表量程的选择

为了保证敏感元件工作的可靠性和安全性，也考虑到被测对象发生异常而导致压力高于正常值，对仪表的量程选择必须留有足够的余地。

一般在测量较稳定的压力时，仪表最大工作压力不应超过其满量程的 3/4；在测量波动较大的压力或脉动压力时，仪表最大工作压力不应超过其满量程的 2/3。同时，为了保证测量准确度，最小工作压力还不应低于仪表满量程的 1/3。当被测压力变化范围大，最大和最小工作压力可能不能同时满足上述要求，此时在仪表量程的选择上应首先满足最大工作压力条件。

目前我国出厂的压力（包括差压）检测仪表有统一的量程系列，分别为 1kPa、1.6kPa、2.5kPa、4.0kPa、6.0kPa 以及它们的 $10^n$ 倍数（$n$ 为整数）。

2. 仪表精度的选择

一般情况下，应根据生产允许的最大误差来确定压力检测仪表的精度，即要求实际被测压力允许的最大绝对误差小于仪表的基本误差。此外，为避免选择过高精度的仪表而造成浪费，只要仪表精度满足测量要求即可。

3. 仪表类型的选择

压力检测仪表类型的选择主要应考虑以下几个方面：

(1) 被测介质压力大小。如测量压力属于微压范围，即几百帕至几千帕（几十个毫米水柱或汞柱），宜采用液柱压力表或膜盒压力计；若被测介质压力在 15kPa（1500mm$H_2O$）以下且不要求迅速读数，可选择U形压力计或单管压力计；如要求迅速读数，可选用膜盒压力表；对于压力在 50kPa（0.5kgf/$cm^2$）以上的情况，弹簧管压力表是较好的选择。

（2）被测介质的性质。在进行压力检测时，压力敏感元件往往要与被测介质直接接触，因此根据仪表的工作条件合理选择压力检测仪表的材料。例如，对腐蚀性较强的介质应使用像不锈钢之类的弹性元件或敏感元件；氨用压力仪表则要求仪表的材料不允许采用铜或铜合金，因为氨气对铜的腐蚀性极强；氧用压力仪表在结构和材质上可以与单通压力仪表完全相同，但要禁油，因为油进入氧气系统极易引起爆炸。

（3）对仪表输出信号的要求。类似于弹簧管压力表那样的直接指示型的仪表可应用于只需要观察压力变化的情况；如需将压力信号远传到控制室或其他电动仪表，就必须选用电气式压力检测仪表或其他具有电信号输出的仪表，如霍尔压力传感器；如果要求检测快速变化的压力信号，则压阻式压力传感器一类的电气式压力检测仪表是较好的选择；如果控制系统要求能进行数字量通信，则可选用智能式压力检测仪表。

（4）仪表的使用环境。对于易爆炸的环境，应选择防爆型压力仪表；对于极端温度环境，应选择温度系数小的敏感元件以及其他变换元件。

**二、压力仪表的校验**

压力仪表经过长期使用，会因弹性元件的弹性衰退而产生缓变误差，或是因弹性元件的弹性滞后和传动机构的磨损而产生变差。所以必须定期对压力计进行校验，以保证测量的可靠性。

校验就是将被校验压力表和标准压力表通以相同压力，比较它们的指示数值，如果被校表对于标准表的读数误差小于被校表规定的最大准许绝对误差 $\Delta m$，则认为被校表合格。所选标准表的允许最大绝对误差应小于被校验表允许最大绝对误差的 1/3，这样标准表的示值误差相对于被校表来说可以忽略不计，认为标准表的读数就是真实压力的数值。

根据校验结果，如果被校表引用误差、变差的值均不大于精度值，则该被校表合格。如果压力表校验不合格，可根据实际情况调整其零点、量程或维修更换部分元件后重新校验，直至合格。对无法调整合格的压力表可根据校验情况降级使用。

常用的校验仪器是活塞式压力计，其结构原理如图 4-11 所示，它由压力发生部分和测量部分组成。

压力发生部分：手摇泵通过手轮旋转丝杆，推动工作活塞挤压工作液，经工作液传给测量活塞。工作液一般采用洁净的变压器油或蓖麻油等。

测量部分：测量活塞上端的托盘放上荷重砝码并插入活塞柱内，测量活塞下端承受手摇泵向左挤压工作液所产生的压力 $P$ 的作用。当作用在活塞下端的油压与活塞 、托盘及砝码的质量所产生的压力相平衡时，活塞就被托起并稳定在一定位置上。因而根据所加砝码与活塞、托盘的质量以及活塞承压的有效面积就可确定被测压力的数值。被测压力的大小可用下式计算

$$P=\frac{(m_1+m_2)g}{A} \tag{4-24}$$

式中　$P$——被测压力，Pa；

$m_1$——活塞、托盘的质量，kg；

$m_2$——砝码质量，kg；

$A$——活塞承受压力的有效面积，$m^2$；

$g$——重力加速度，$m/s^2$。

由于活塞的有效面积 $A$ 与活塞、托盘的质量 $m_1$，固定不变，所以专用砝码的质量 $m_2$ 就和油压具有简单的比例关系，一般砝码上都标有相应的压力值。这样在校验压力表时，只要静压达到平衡，直接读取砝码上的数值即可知道油压系统内的压力，通过比较被校压力表与标准压力表读数差值，便可知被校压力表的误差大小；也可在 $b$ 阀上接标准压力表，由手摇泵改变工作液压力，逐点校验被校表误差。

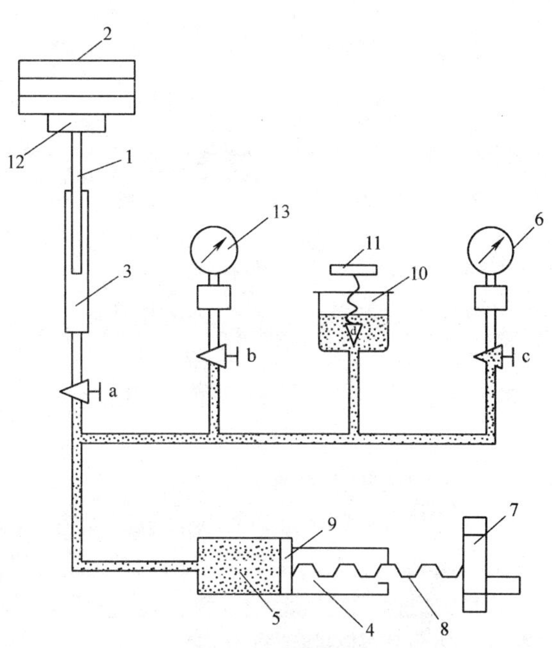


图 4-11 活塞式压力计示意图

1—测量活塞；2—砝码；3—活塞栓；4—手摇泵；5—工作液；6—被校压力表；7—手轮；8—丝杆 9—手摇泵活塞；10—油杯；11—进油阀手轮；12—托盘；13—标准压力表；a，b，c—切断阀；d—进油阀

当校验真空表时，其操作方法与校验压力表略有不同，可按下列步骤进行：

(1) 关闭切断阀 a、b（见图 4-11），开启进油阀 d，并将手摇泵螺杆全部旋入泵内（顺时针旋转）。

(2) 关闭进油阀 d，打开切断阀 b、c（b 阀上接标准真空计或 U 形管水银压力计），反时针旋转手摇泵手轮，使系统内产生真空。若旋转一次尚未达到所需真空时，可重复 (1)、(2) 直至所需的真空度为止。

(3) 比较被校压力表与标准压力表的读数差值。

用压力表校验仪校验真空计设备简单，操作方便。但校验仪产生的真空度只能达到 $-8.6\times10^4$ Pa（$-650$mmHg）。若需校验更高的真空度，可用真空泵作为真空源进行校验。

# 第五章　流速及流量测量

流速与流量是工程应用和流动理论分析中表示流体运动状态的两个重要参数，因此准确测量流速与流量具有重要的实用和理论意义。

## 第一节　流速测量方法

### 一、机械法测量流速

机械法测量流速的原理是根据处于流体中的叶轮的转动角速度与流体流速呈正比。机械式风速仪是常用的最简单的应用此原理的实例。

机械式风速仪是以轻型叶轮为测速敏感元件的测速仪。气流动压作用在叶轮上，使叶轮转动，转速与气流速度成正比。

常用的机械式风速仪有翼式和杯式两种，如图 5-1 所示。翼式的叶轮是由扭转成一定角度的几片金属薄片组成，测量时叶轮轴向与流速方向平行，其灵敏度比杯式高。杯式的叶片形状是半球形的，测量时叶轮轴向与流速方向垂直，其机械强度比翼式大，故其测速上限也较大。

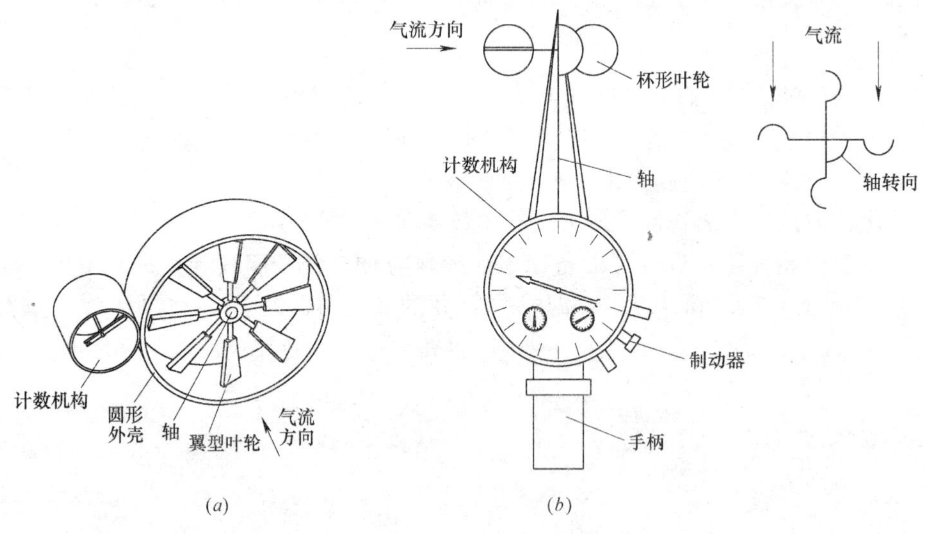


图 5-1　机械式风速仪
(a) 翼式风速仪；(b) 杯式风速仪

使用机械式风速仪测定流速时，应保证叶轮全部置于流速场中，且叶片的旋转平面与流速方向的偏差不能太大，如果在±10°内，则读数误差不超过 1%，若偏角继续增加，测量误差将急剧增大。机械式风速仪可用于测量仪表所在位置的气流流速，也可用于测量大型管道中气流的速度场，与其他类测速仪表相比，尤其适用于测定相对湿度较大的气流流速。

## 二、散热率法测量流速

置于气体流场中的发热物体的散热率与气体的热物性参数和流速有关，若气体热物性参数已知，如温度、热导率等，则发热物体的散热率与流速成比例关系，这便是散热率法测量流速的基本原理。

热线风速仪是目前常用的利用散热率法测量流速的仪器。热线是指被加热的金属丝。热线由仪器的电源供电，当处于流场中的热线被加热时，流体会带走金属丝的热量。当达到热平衡时，热线散热率 $Q_R$ 与流体吸热率 $Q$ 相等，即：

$$Q=Q_R \tag{5-1}$$

$$Q=aF(T_R-T_F) \tag{5-2}$$

$$Q_R=I_R^2R_R \tag{5-3}$$

式中 $I_R$——热线的电流；

$R_R$——热线电阻；

$\alpha$——热线与流体的对流换热系数；

$F$——热线的换热面积；

$T_R$，$T_F$——分别为热线温度和流体温度。

通过式（5-1）～式（5-3）可得到流体的吸热率，然后根据流体本身的热物性参数来得到流体流速。

按照热线的工作方式不同，热线风速仪的常用形式有恒流型和恒温型。

1. 恒流型

所谓恒流是指保持通过热线的电流恒定。流体流经热线时会冷却热线，且流速越大，冷却能力越强。由于热线电流恒定，散热率随流速的增大而增大，故热线的温度也随流速增大而增大。当热线与流体达到热平衡时，根据热线温度便可推算出流体流速的大小。

恒流型热线风速仪电路简单，其原理如图 5-2 所示。它由两个独立电路组成：一个是铂丝加热电路，由加热铂丝、电源与控制电流恒定的调节电阻组成；另一个是铜—康铜热电偶与显示仪表组成的电路，热电偶测温端固定在热线中间，并将热电势信号传送到显示仪表进行信号处理并输出流体流速值。

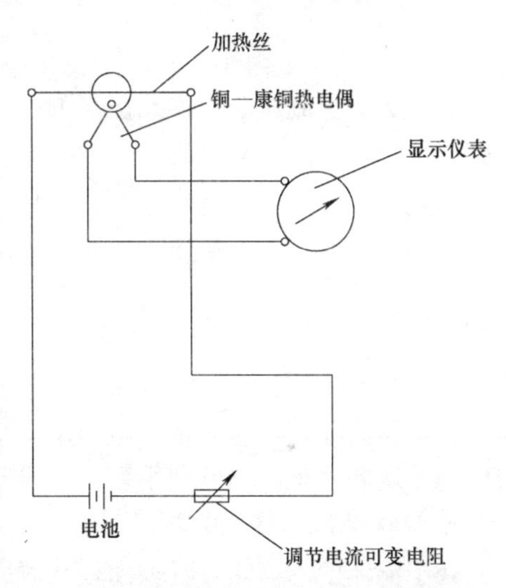

图 5-2　恒流型热线风速仪原理图

2. 恒温型

恒温型热线仪是通过保持热线温度恒定，测得热线电流值来确定流速的。它避免了恒流型热线仪变温、变电阻的工作状态，故热线的使用寿命和稳定性较好。下面以热敏电阻恒温型风速仪为例，简单介绍恒温型风速仪的结构。

热敏电阻恒温型热线仪可用来测量常温常湿下的清洁空气流速。如图 5-3 所示，它的探头装在一根测杆的顶端，探头内装有球状风速测头和风温自动补偿热敏电阻，由四根铂丝作为导线引出。风速探头直径约 0.5mm，对气流阻挡作用小，且它的热惯性小，灵敏度高，测速下限可达 0.04m/s。气流温度在 5～

40℃内，风温自动补偿器的精度为满刻度的±1%。

## 三、压强法测量流速

在介绍压强法测量流速之前，先引入几个概念。流体内部的压强与方向无关，并且可将流体内部某点的压强分成静压、位压和动压三部分。流体处于平衡状态或相对平衡状态时，作用在流体内部微团上的应力只有法向应力，微团对此法向应力的反作用应力即为流体静压。流体内部某点的静压与方向无关。位压是指在同一连续流体内因相对于基准面的位置不同而产生的压力。总压是指在没有外力的作用下，流体绝热减速到流速为零时所产生的压强。动压实际上是总压减去位压和静压之和。

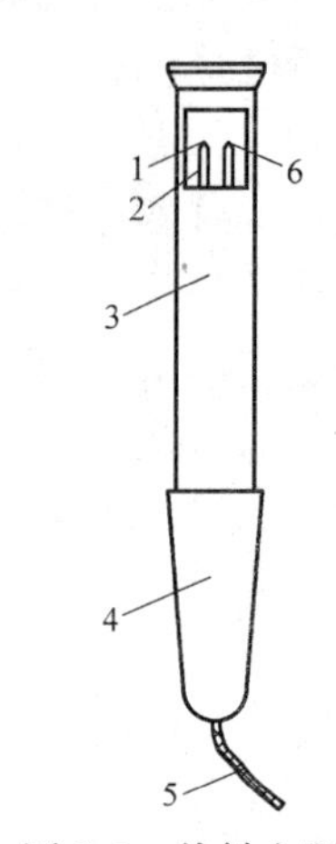


图 5-3 热敏电阻恒温型风速仪

1—风速测头（热敏电阻）；2—铂丝引线；3—测杆；4—手柄；5—导线；6—风温补偿热敏电阻

压强法测量流速的原理是流体的伯努利方程，同一连续流体的总压保持恒定。用公式表示为：

$$Z_1+\frac{p_1}{\gamma}+\frac{u_1^2}{2g}=Z_2+\frac{p_2}{\gamma}+\frac{u_2^2}{2g} \tag{5-4}$$

式中 $Z_1$，$Z_2$——流体分别在 1，2 位置处的位压，m；

$p_1$，$p_2$——流体分别在 1，2 位置处的静压，Pa；

$u_1$，$u_2$——流体分别在 1，2 位置处的流速，m/s；

$\gamma$——流体的容重，N/m$^3$。

对于不可压缩流体来说，若测点 1，2 的位置相同，即 $Z_1=Z_2$ 时，上式可转变为：

$$\frac{u_1^2}{2g}=\frac{p_2}{\gamma}-\frac{p_1}{\gamma}+\frac{u_2^2}{2g} \tag{5-5}$$

当在测点 2 处流体速度绝热减为零，即 $u_2=0$ 时，则有：

$$u_1=\sqrt{\frac{2(p_2-p_1)}{\rho}} \tag{5-6}$$

压强法测量流速的基本元件是测压管，它是在位压为零时通过测得总压与静压的差值得到动压值，进而得到流速值。总压的大小为流体内部某点绝热滞止到流速为零时的压力，也就是在此点上动压全部转换成静压后，静压值的大小便与总压值的大小相同。

对于可压缩流体，流体流速要用下式来确定：

$$u_1=\sqrt{\frac{2(p_2-p_1)}{\rho(1-\varepsilon)}} \tag{5-7}$$

式中 $\varepsilon$——气体压缩性修正系数。

在位压为零时，为测量流体的总压与静压的差值，可以利用总压管和静压管分别测量流体的总压和静压，也可利用复合测压管直接测量两者之差。

### 1. 流体总压与静压的测量

处于流体中的物体，其表面存在着压强与流体中未受扰动来流的压强相等的点，在这些点处开孔，便可测量流体静压；另外物体表面上也存在压强等于流体滞止压强的点，在这些点处开孔也就可以测量流体的总压。

(1) 流体的总压测量

使用总压管时，应保证其测压孔轴线对准流体来流方向，但实际安装时这一点很难保证，因此要求测压管轴线与来流方向存在一定偏角时，总压管所测得的总压值的误差在允许范围内。

L形总压管是常用的总压管之一，它具有价格便宜、使用方便等优点。它对流动方向的灵敏度很大程度上取决于测压孔直径与总压管直径的比值和总压管头部的形状。设来流方向在水平方向的投影与测压孔轴线的方向夹角为 $\alpha$，头部为半球形的总压管对 $\alpha$ 的不灵敏度在±（5°～15°）的范围内。除了L形总压管外，常用的还有圆柱形总压管和套管式总压管。

（2）流体的静压测量

流体静压的测量一般分两种情况：一种是测量流场中某点的静压值；另一种是测量流体绕过物体时，在物体表面某点处流体的静压值。

对于第一种情况，可采用尺寸较小且具有一定形状的测压管放入流体中直接对静压进行测量。常用的静压管有L形静压管、盘形静压管和套管形静压管。

第二种情况下，可直接在物体表面开静压孔进行测量，如直接在管壁上开静压孔。为得到可靠的结果，静压孔的直径应不超过1.5mm，且孔边缘须保证光滑，静压孔的轴线应垂直于管壁。

2. 毕托管

把总压管和静压管组合在一起就成为了毕托管。它可以同时测量流体在某一点处的总压和静压或动压。

毕托管结构简单、使用方便、造价低廉、坚固可靠，可用于测量流场某点处的平均速度，其头部的尺寸决定了毕托管的测量空间分辨率。另外，测孔的位置、大小、形状等都会影响其测量的准确度。

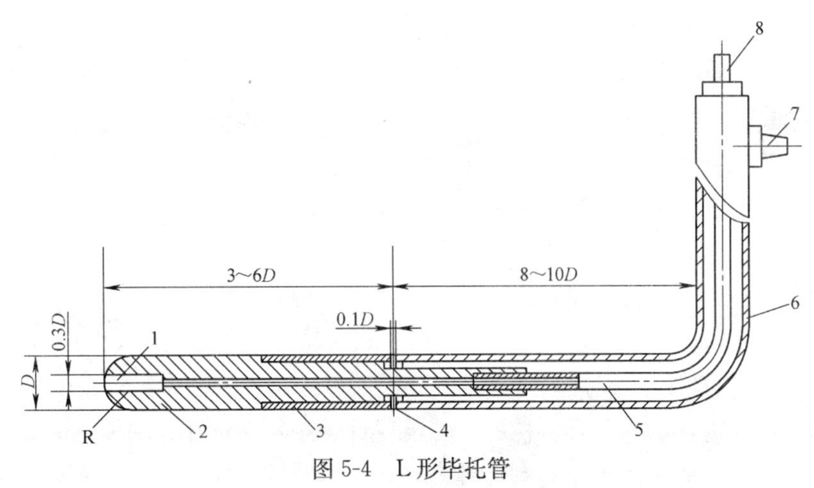


图5-4　L形毕托管

1—总压测孔；2—感测头；3—外管；4—静压孔；5—内管；6—管柱；7—静压引出管；8—总压引出管

L形毕托管是最常见的毕托管之一，其结构如图5-4所示，它由感测头、外管、内管、管柱和总压、静压引出管等部分组成。在毕托管水平测量段的适当位置处有静压测孔或狭缝，用于测量流体静压并通过外管与内管之间的空腔与静压引出管连通。感测头顶端有总压测孔，用于测量流体总压，并通过内管与总压引出管连接。使用方法与L形总压管的使用方法基本相同，应保证总压孔轴线与来流方向平行，但当毕托管用于测量流体动压时对来流方向的敏感度较总压管低，如头部为球形的毕托管在流动方向偏斜±10°的范围内，总压与静压均下降，其动压基本保持不变。

## 第二节　流量测量方法

流量是指单位时间内通过某一截面的流体的量。流量为瞬时量，一段时间内流过某一截面的流体总量可通过流量对时间的积分得到。流体总量除以时间，便可得到这段时间内通过这一截面的流体的平均流量。

流量的表示方法一般有三种：质量流量、重量流量和体积流量。

设流过某一截面的流体的质量为 $M$，$t$ 表示质量为 $M$ 的流体流过该截面所用的时间，则流体的质量流量可表示为：

$$q_{\mathrm{M}}=\frac{\mathrm{d}M}{\mathrm{d}t} \tag{5-8}$$

同理，若将流体质量 $M$ 换成流体重量 $G$ 或流体体积 $V$，则流体的重量流量可表示为：

$$q_{\mathrm{G}}=\frac{\mathrm{d}G}{\mathrm{d}t} \tag{5-9}$$

流体体积流量可表示为：

$$q_{\mathrm{V}}=\frac{\mathrm{d}V}{\mathrm{d}t} \tag{5-10}$$

三种流量表达式的关系为：

$$q_{\mathrm{M}}=\frac{q_{\mathrm{G}}}{g}=\rho q_{\mathrm{V}} \tag{5-11}$$

式中　$\rho$——为流体密度；

$g$——重力加速度。

流量的测量方法很多，在工业上目前常用的有四种：

（1）速度式测流量法。若已知流体流场的截面面积 $F$，直接测出流体在此截面的流体平均速度 $\bar{u}$，便可根据 $q_{\mathrm{V}}=\bar{u}F$，得到流体的体积流量。应用此原理测流量的方法称为速度式测流量法。应用此法的流量计有涡轮流量计、电磁流量计、超声波流量计和涡街流量计等。

（2）容积式测流量法。通过测量单位时间内流经流量仪表的流体容积的大小来得到流量。采用此类测量方法的流量计有椭圆齿轮流量计、腰轮流量计、刮板式流量计等。

（3）质量式测流量法。通过直接或间接的方法测量单位时间内流过流体流场某截面的流体质量的大小来得到流体流量。由于质量流量不受流体的温度和压力变化等外界因素的影响，可用来测量不同工况下的质量流量。采用此方法的流量计有叶轮式质量流量计、温度—压力自动补偿流量计等。

（4）差压式测流量法。差压式流量测量的原理是通过测量流体流过测量装置所产生的压差，并根据测量装置的外形得到压差与流体流速或流量的关系，进而得到流体流量。

以下各节将对各种常见的流量计分别进行介绍。

## 第三节　速度式流量测量方法

速度式流量测量方法是已知管道截面面积 $F$，测量流体在该截面的平均流速 $\bar{u}$，根据流量计算公式 $q_V=\bar{u}F$ 得到流体的体积流量。若要测得流体的平均流速 $\bar{u}$，须了解管道截面上的流体流速分布，如图 5-5 所示。

流体在典型的层流或紊流状态下，圆管截面上的流速分布是具有一定规律的，但在阀门、弯头等有局部阻力的装置后流速分布会变得不规则，因此速度式流量测量方法测量结果的准确度不仅取决于测量仪器本身的准确度，还与流速在管道截面上的分布情况有关。另外，为了使测量时流速分布与测量仪器在分度时的流速分布相一致，须在仪器前加装整流装置，使流体在进入仪器前达到要求的流速分布。

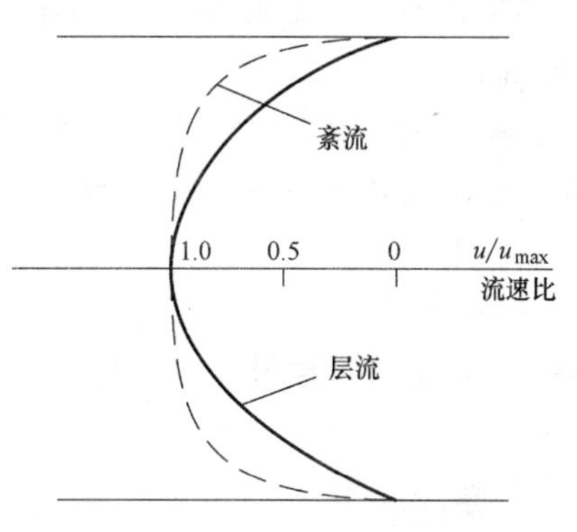


图 5-5　圆管内层流和紊流速度分布

层流流动中，对于半径为 $R$ 的圆管，沿管道截面的流速分布为：

$$u=u_{\max}\left[1-\left(\frac{r}{R}\right)^2\right] \tag{5-12}$$

式中　$u_{\max}$——管道中心处的最大流速；

$u$——距管道中心为 $r$ 处的流速：

$r$——距管道中心的距离。

根据上式可计算出管道截面的平均流速 $\bar{u}=u_{\max}/2$，平均流速的大小等于在距离管道中心 $r_0=0.7071R$ 处的流体流速。

在紊流情况下，由于存在流体微团的径向流动，流速分布曲线随雷诺数的增高逐渐变平，变平的程度还与管道粗糙度有关。对于光滑管道（即 $K_s/D<0.004$，$D$ 为管道内径，$K_s$ 为管道内壁的绝度粗糙度），圆管内的紊流流速分布可用下面的经验公式表示：

$$u=u_{\max}\left(1-\frac{r}{R}\right)^{1/n} \tag{5-13}$$

式中　$n$——与流体雷诺数有关的常数；

$r$——距管道中心的距离。

根据上式可计算出紊流情况下不同 $n$ 值对应的管道载面上平均流速所在的位置 $r_0$，以及截面平均流速与最大流速的比值，如表 5-1 所示。

**光滑管道中平均流速与最大流速之比及平均流速所在位置　　表 5-1**

| $n$ | 7.0 | 8.0 | 9.0 | 10.0 |
|---|---|---|---|---|
| $\bar{u}/u_{\max}$ | 0.816 | 0.836 | 0.852 | 0.865 |
| $r_0/R$ | 0.7591 | 0.7615 | 0.7637 | 0.7656 |

由于速度式流量测量方法是通过测量流速来测得体积流量的，了解被测流体的流速分

布及其对测量的影响是非常重要的。

工业上常用的速度式流量测量仪表有涡轮式、电磁式、超声波式和漩涡式等。

## 一、涡轮流量计

涡轮流量计的工作原理是当被测流体通过流量计时，冲击涡轮叶片使之旋转，在一定的流量范围内、一定的流体黏度下，涡轮的转速与流速成正比，测得涡轮的转速便可得到流体的流速，进而得到流量。当涡轮转动时，涡轮上由导磁不锈钢制成的螺旋叶片顺次接近处于管壁上的检测线圈，周期性地改变检测线圈磁电回路的磁阻，使通过线圈的磁通量发生周期性变化，检测线圈产生与流量成正比的脉冲信号。此信号经前置放大器放大后可远距离传送至显示仪表进行处理。显示仪表一方面可对脉冲信号计算得到脉冲总量，另一方面可根据脉冲频率将脉冲信号转换为电流信号输出指示瞬时流量。

除采用上述磁阻方法外，也可采用感应的方法，即采用非导磁材料制成的螺旋叶片，将一小块磁钢埋置入涡轮的内部，当涡轮带动磁钢转动时，固定在壳体上的检测线圈中便可感应出电脉冲信号。

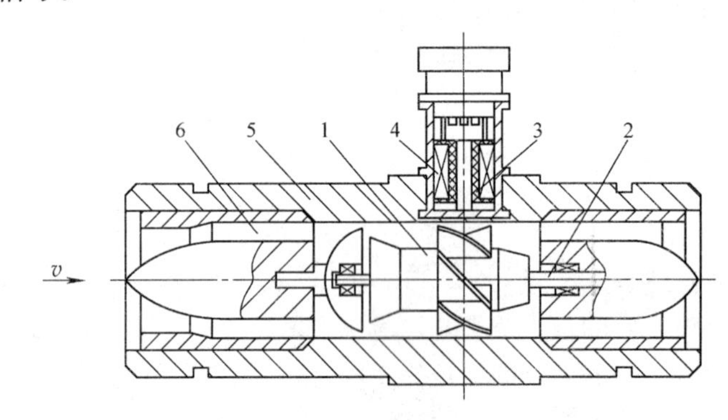


图 5-6　涡轮流量计结构图

1—涡轮；2—支承；3—永久磁钢；4—感应线圈；5—壳体；6—导流器

磁阻方法较简单，且涡轮转速一定时，电脉冲频率与涡轮叶片数量成正比，提高电脉冲频率有利于提高测量准确度。图 5-6 中导流器的作用是导直流体流束以及作轴承支架用，导流器和流量计壳体均由非导磁不锈钢制成。轴承性能的好坏是涡轮流量计使用寿命长短的关键，目前采用的轴承一般有不锈钢滚珠轴承和聚四氟乙烯、碳化钨等非金属材料制成的滑动轴承，前者适用于测量有一定润滑性且不含杂质及固体颗粒的液体和气体的流量；后者选择适当材料可用于非润滑性、含微小颗粒和腐蚀性流体流量的测量。

涡轮流量计在使用中，假设涡轮受到的所有阻力矩均很小时，叶轮处于匀速转动状态下的转动公式为：

$$\omega=\frac{u_0\tan\beta}{r} \tag{5-14}$$

$$u_0=\frac{q_V}{F} \tag{5-15}$$

式中　$\omega$——涡轮旋转的角速度；

$r$——涡轮叶片的平均半径；

$u_0$——作用在涡轮上的流体速度；

$\beta$——涡轮叶片相对于涡轮轴线的倾角；

$F$——流量计的有效通流面积；

$q_V$——流体体积流量。

检测线圈上输出的脉冲频率为：

$$f=nz=\frac{\omega}{2\pi}z \tag{5-16}$$

式中 $f$——脉冲频率；

$n$——涡轮每秒转动的圈数；

$z$——涡轮上的叶片数。

将式（5-14）、式（5-15）和式（5-16）合并整理，得：

$$f=\frac{z\tan\beta}{2\pi rA}q_V=Kq_V \tag{5-17}$$

式中 $K$ 为仪表常数，理论上它只与仪表结构有关，但实际上还受其他很多因素的影响，如轴承摩擦及电磁阻力等的影响。

涡轮流量计的特性曲线如图 5-7 所示，仪表出厂时由制造商标定后给出其在允许流量测量范围内 $K$ 的平均值。因此，在一定时间间隔内流过流量计的流体总量 $Q_V$ 与输出总脉冲数 $N$ 之间的关系为：

$$Q_V=\frac{N}{K} \tag{5-18}$$

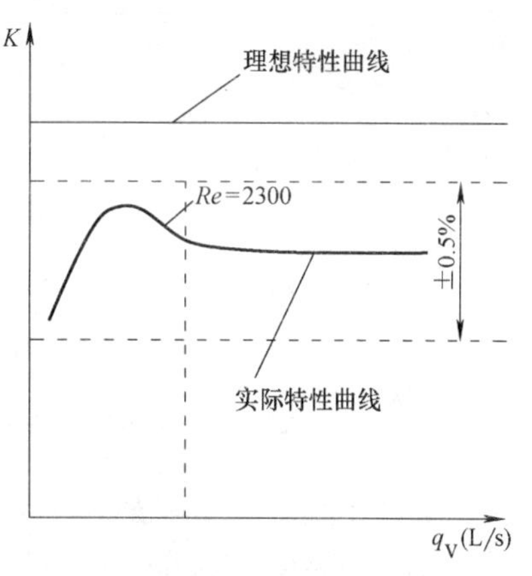

图 5-7 涡轮流量计特性曲线

由图 5-7 可以看出，在小流量下，阻力矩相对较大，所以在流量很小时，$K$ 值随流量的增大而增大；从层流到紊流的过渡区中，由于层流的黏性摩阻力矩比紊流时小，故特性曲线出现 $K$ 峰值；当流量继续增大时，转动力矩远大于阻力矩，阻力矩对 $K$ 值影响较小因此特性曲线近似于水平。涡轮流量计通常允许使用在曲线的平直部分，使 $K$ 的线性度在±0.5%以内，复现性在±0.1%以内。

涡轮流量计在使用时应注意：流量计须水平安装，垂直安装会影响仪表特性；流量计前应加装滤网，防止杂质进入；流量计后应安装止回阀，防止涡轮倒转。

涡轮流量计的特性受流体黏度变化的影响较大，特别在小流量、小口径时尤为显著，因此实际使用时应对流量计进行实液标定。制造厂商常给出流量计在不同流体黏度范围内的流体流量测量下限值，以保证流量计的仪表常数 $K$ 在±0.5%范围之内。另外，由于流体黏度随温度的变化而变化，实际使用涡轮流量计时应保证通过流量计的流体温度基本不变。

## 二、电磁流量计

电磁流量计是以法拉第电磁感应定律为基本原理设计的一种测量导电液体体积流量的流量计，其结构如图 5-8 所示。根据法拉第定律，导体在磁场中切割磁感线，导体上垂直于导体运动方向的两端便会产生电动势，且该电动势的大小 $E$ 和磁感应强度 $B$、切割磁场的导体在垂直于导体运动方向上的长度 $L$ 和导体切割磁感线的速度 $v'$ 有关，四者的关系为：

$$E=Bv'L \tag{5-19}$$

当切割磁感线的不是金属导体而是流动的导电液体时，液体垂直于流动方向的两侧就会产生感应电动势。导电液体在圆管道内流动并切割磁感线时，把流体流场的直径近似认为是切割磁感线的长度，用被测流体的平均流速 $v$ 作为导体的运动速度 $v'$，则可得：

$$E=BDv \tag{5-20}$$

保持磁感应强度 $B$ 不变时，根据体积流量计算式，有：

$$q_V=\frac{\pi}{4}vD^2 \tag{5-21}$$

可得被测液体的体积流量为：

$$q_V=\frac{\pi D}{4B}E \tag{5-22}$$

可以看出，圆管道内导电流体的流量 $q_V$ 与感应电动势 $E$ 成线性关系，不受其他条件的影响。

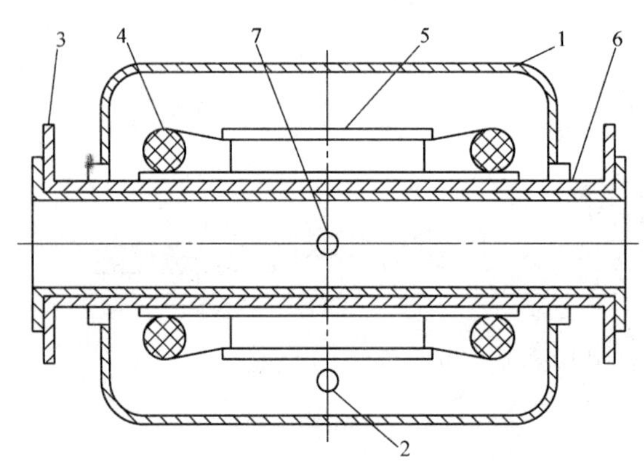

图 5-8　电磁流量计构造图
1—外壳；2—接线插头；3—法兰；4—激磁线圈；5—磁轭；6—测量管；7—电极

使用电磁流量计时应注意：流体的导电率不能低于规定的下限值，若低于下限值会产生测量误差甚至不能使用；选用电磁流量计的最低流速不能低于量程的 10%，最大流速不能超过 10m/s。

电磁流量计的结构简单，无相对运动部件。因为无改变流场的部件，几乎不会对流体流动产生阻力，尤其可用于测量含有固体颗粒的液体。

### 三、超声波流量计

超声波沿流体流动的方向和反方向的传播速度会因与流体流速叠加而不同，因此可根据两者的速度差来测量流速。这便是超声波流量计的工作原理。测定传播速度差值的方法主要有测量时间差、测量相位差和测量频率差等。

若超声波的发送器和接收器之间的距离为 $L$，流体流速为 $v$，超声波在静止流体中的传播速度为 $c$，则超声波正反向的传播时间差为：

$$\Delta t=\frac{L}{c-v}-\frac{L}{c+v}=\frac{2Lv}{c^2-v^2} \tag{5-23}$$

当流体流速不是很大，即 $v \ll c$ 时，有：

$$\Delta t \approx \frac{2Lv}{c^2} \tag{5-24}$$

若发送器发出的是角频率为 $\omega$ 的连续正弦波，则相位差为：

$$\Delta\varphi=\omega\Delta t=\frac{2\omega L}{c^2}v \tag{5-25}$$

因此，能够测得 $\Delta t$ 或 $\Delta\varphi$，就可得到流体的流速，再根据管径的大小，便可得到流体流量。但超声波在流体中的传播速度与流体的温度有关，为解决这一问题一般采用流体温度补偿装置。

采用频率法可避免超声波在流体中的传播速度受温度影响的问题。流体流动方向和反方向上的频率差为：

$$\Delta f=\frac{c+v}{L}-\frac{c-v}{L}=\frac{2v}{L} \tag{5-26}$$

可见流体流动方向和反方向上的频率差值与超声波的传播速度 $c$ 无关，工业上常采用此法测量流速。

通过以上方法测得的流体流速 $v$ 与作为计算管道流量的平均流速 $v'$ 不同，实际测量时应使用流速分布修正系数 $k$ 进行修正，即：

$$q_{\mathrm{V}}=\frac{\pi d^2}{4}\cdot\frac{v}{k} \tag{5-27}$$

式中 $d$——管道内径；

$k$——流速分布修正系数，$k=v/v'$；

$v$——通过超声波传播测得的流体流速；

$v'$——用于计算管道流量的流体平均流速。

应用以上方法设计的超声波流量计不能用于测量悬浮颗粒或气泡含量超过某一范围的流体。超声波流量计的测量部件安装在管道的外表面，不与流体接触，因此不会干扰流场，在管径为 20～5000mm 的流体流量测量中有较高的测量精度。应注意的是超声波流量计安装时应尽量远离水泵、阀门等流场不规则的地方。

### 四、涡街流量计

若将一个具有对称形状的非流线型柱体，如圆柱体、长方体等，放入流动的流体当中，保持该物体的轴向与流体流向垂直，在柱体的下游两侧就会交替出现漩涡，两侧的漩涡旋转方向相反，并会轮流从柱体上分离出来，产生所谓的“卡门涡街”，称该柱体为漩涡发生体（见图 5-9）。

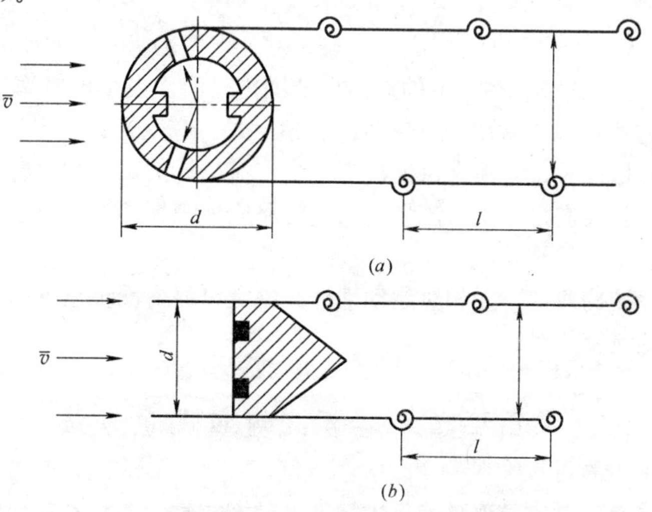


图 5-9 圆柱体与三角柱体的涡街发生情况

(a) 圆柱体；(b) 三角柱体

经实验证明，若漩涡之间的纵向距离 $h$ 和横向距离 $l$ 满足下式：

$$\mathrm{sh}\left(\frac{\pi h}{l}\right)=1 \tag{5-28}$$

简化可得：

$$\frac{h}{l}=0.281 \tag{5-29}$$

则非对称的卡门涡街是稳定的。此时漩涡的分离频率 $f$ 与漩涡发生体处流体平均流速 $v'$ 以及柱宽有如下关系：

$$f=Sr\frac{v'}{d} \tag{5-30}$$

式中 $Sr$——斯特劳哈尔数，它与漩涡发生体的特征尺寸及流体雷诺数有关；

$d$——柱体在流体流速方向上的宽度。

经实验得到，认为流体雷诺数在 300～200000 范围内，$Sr$ 为常量。对于圆柱体，$Sr=0.20$；对于三角柱体 $Sr=0.16$。因此，当柱体的尺寸、形状确定后，就可以通过测定单侧漩涡释放的频率 $f$ 来测量流速，进而用于测量流量。

管道的平均流速 $v$ 与漩涡发生体处的平均流速 $v'$ 不同，根据流量计算公式，有：

$$vF=v'F' \tag{5-31}$$

式中 $F$，$F'$——分别为管道截面积和漩涡发生体处截面积。

设 $m=F'/F$，$D$ 为管道截面直径，当 $d/D<0.3$ 时，可近似认为：

$$m=1-1.25\frac{d}{D} \tag{5-32}$$

结合式（5-22）与式（5-23），得：

$$f=\frac{Sr}{d\left(1-1.25\frac{d}{D}\right)}v \tag{5-33}$$

化简分离流速 $v$ 并代入体积流量计算式，得：

$$q_{\mathrm{V}}=\frac{\pi D^2}{4}v=\frac{\pi dD^2}{4Sr}\left(1-1.25\frac{d}{D}\right)\cdot f \tag{5-34}$$

可见流体体积流量 $q_{\mathrm{V}}$ 在一定的雷诺数范围内与漩涡发生的频率 $f$ 成线性关系。测量漩涡频率 $f$ 的方式很多，常用的有热敏式、超声式、应变式、电容式等。

选用涡街流量计时，要注意保证被测流量与流量计的量程相符合，被测流体温度变化时，也应对流量公式进行修正。流量计两侧管路应加减振架，以减小管路振动噪声对测量的影响。

涡街流量计结构简单，无相对运动部件，稳定可靠，测量精度高（±1%），广泛应用于气体、液体的流量测量。

## 第四节　容积式流量测量方法

容积式流量测量方法是流量测量中精度最高的一种方法，它是通过测量单位时间内流经流量计的流体的固定容积 $V$ 的数目来实现流量测量的。若容积式流量计已选定，则通过机械测量元件分隔好的固定容积 $V$ 为定值，此时，流体的体积流量可以通过下式表示：

$$Q_V = N \times V \tag{5-35}$$

式中　$Q_V$——流体的体积流量；

　　　$N$——固体容积的数目。

容积式流量计可分为椭圆齿轮流量计（见图 5-10）、腰轮流量计（见图 5-11）、刮板式流量计（见图 5-12）和湿式气体流量计（见图 5-13）等。

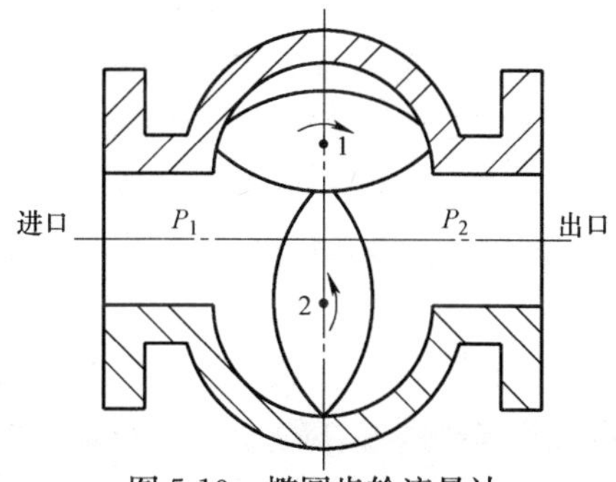

图 5-10　椭圆齿轮流量计

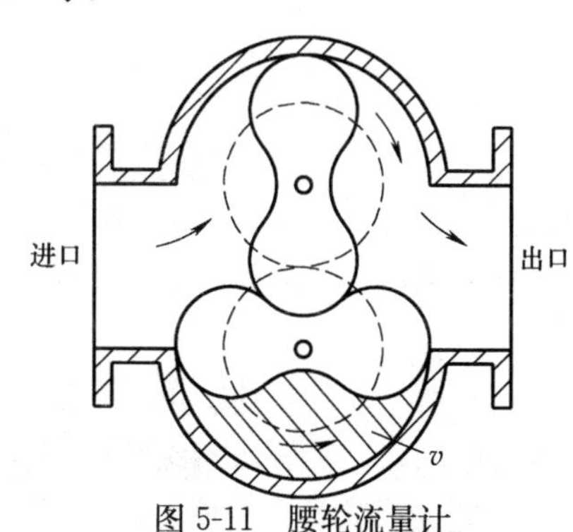

图 5-11　腰轮流量计

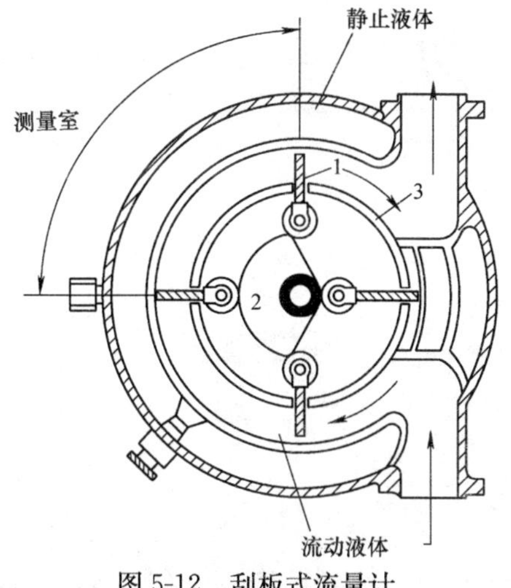

图 5-12　刮板式流量计

1—刮板；2—凸轮；3—转子

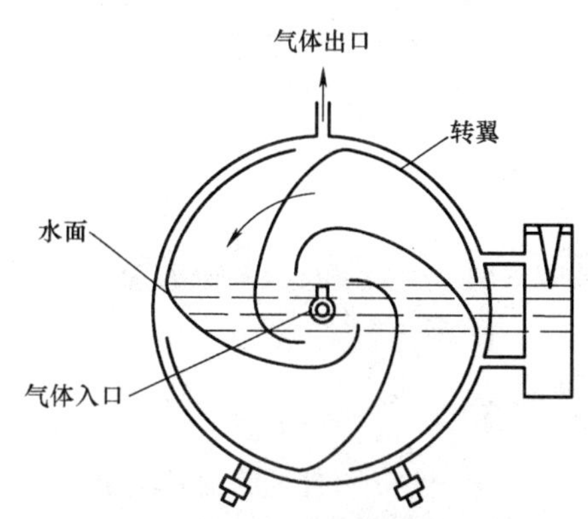

图 5-13　湿式气体流量计

在上述容积式流量计中，椭圆齿轮流量计最为常见，并多用于测量高黏度液体的流量。椭圆齿轮流量计主要由壳体、计数器、椭圆齿轮和联轴器等组成。在流体差压的作用下，一对相互啮合的椭圆齿轮交替的相互带动各自的轴旋转，每转一周，排出四份齿轮与仪表壳体之间形成的月牙形空腔容积的液体，椭圆齿轮的转数与每次排量四倍的乘积即为流体的总容积流量。把椭圆齿轮流量计中的椭圆齿轮换成腰轮，且此腰轮的转动是由壳体外同轴上的一对啮合齿轮来相互带动的，这就是腰轮流量计。可知其工作原理与椭圆流量计相同。腰轮流量计不仅能测量液体流量，还能用于气体大流量的测量。刮板式流量计的工作原理是：由于流体差压的作用推动转子旋转，转子上有两对可以内外滑动的刮板，转子转动带动刮板的滚轮在中心静止凸轮的外缘上滚动，使刮板随转子转动角度不同作内外滑动，转子每转一周就有四份由两片刮板与壳体之间的固定容积的液体排出，通过计算转子转动的周数就可以得到瞬时流量和累积流量。刮板流量计主要用于对原油、汽油、煤油、柴油和一些无腐蚀性液体的流量测量。湿式流量计可直接用于测量气体流量，也可以作为标准仪器检定其他流量计。湿式流量计的气体入口位于水面以下中心位置，气体从该入口处进入，推动转翼转动，并从气体出口处排出。每转一周就排出四份一个转翼所包围的固定容积的气体。湿式流量计的固定容积是由预先注入流量计的水面控制的，所以使用时必须严格保持流量计水平位置和水面位置的恒定。

因为容积式流量计的准确度受流量大小、流体黏性的影响较小，所以此类流量计多用于测量小口径管道流量和高黏度流体流量。这类仪器的测量精度高，基本误差一般为±(0.1～0.5)％，但仪器惯性较大，故动态特性不太好；容积式流量计可适用的温度范围大致在－30～＋200℃，压力最高为10MPa。

对于椭圆齿轮流量计、腰轮流量计和刮板流量计，由于齿轮等运动部件与壳体之间存在间隙，在差压作用下，存在着间隙引起的漏流量，从而引起测量误差。在流体流量较小时，漏流量相对比较大，误差就很大，因此只有在一定的流量以上（如量程的15％～20％）使用时才能保证有足够的准确度。当流体流量过多时，流量计的进出口差压太大，转速太高，漏流量也会增加，误差也较大，并且过大的流量会造成流量计转动部件端部的磨损及损坏。

流体的黏度变化时，漏流量也会发生明显变化，黏度较高的流体，漏流量小，误差也较小，因此，为了达到较高的准确度，对于容积式流量计一般需要通过实验进行实液分度。用同一台流量计测量各种不同黏度的液体时，下面的黏度修正公式可用来计算由于黏度变化引起的仪表误差：

$$\varepsilon=\varepsilon_1+\varepsilon_2-\varepsilon_1\cdot\frac{\eta-\eta_1}{\eta_2-\eta_1}\cdot\frac{\eta_2}{\eta} \tag{5-36}$$

其中，$\eta$、$\eta_1$、$\eta_2$ 表示流体的黏度，$\varepsilon$、$\varepsilon_1$、$\varepsilon_2$ 分别为 $\eta$、$\eta_1$、$\eta_2$ 的仪器误差。

$$\varepsilon=\frac{I-Q}{I}\times100\% \tag{5-37}$$

式中　$I$——仪表指示值；

　　$Q$——实际通过的流体容积流量。

对于湿式气体流量计，由于转翼与壳体之间有水封，所以在测量流量较小的流体时误差并不是太大。在测量大流量时，由于流量引起液面的波动，会造成误差的增大。

为了减小漏流量，提高仪器的准确度，除了提高加工精度和材料的耐磨性外，人们又发明了伺服式容积流量计，其基本原理是流量计的转动部件由伺服电动机带动，用微差压感受元件测出流量计进出口差压，根据此差压信号来调节伺服电动机转速，保持进出口差压为零或很小，从而可以大大减少漏流量。伺服式容积流量计的优点是准确度可达±0.1％以上，缺点是结构复杂，设备庞大。

容积式流量计输出的转速信号，在经过一系列齿轮减速后可以直接用机械计数器对流量进行累计和，也可以通过电量远传发信器进行远传及显示。电量远传发信器有干簧继电器发信、高频振荡发信、电感发信及光电发信等。其中干簧继电器及高频振荡发信是按如下原理进行的：减速后的齿轮带动一永久磁铁旋转，干簧继电器的触点在永久磁铁的吸动下与永久磁铁的旋转同步地闭合或断开，从而发出一个个电脉（冲）以供远传。这种方法比较简单，但干簧继电器使用寿命比较短。较好的方法是利用电磁感应原理将仪表出轴的转速信号转换为电脉冲信号。

容积式流量计在使用时，仪器前须加装滤网，仪器处还要加装旁通管路，以方便经常清扫。有时还要加装气体分离器，以排除被测液体中混入的气体。仪器运转中应经常注意其回转声音，如发现测量室内有反常的碰击声，应及时拆开进行检查。

## 第五节　质量式流量测量方法

流体的体积是流体温度、压力和密度的函数。在工业生产和科学研究中，仅测量体积流量是不够的，由于产品质量控制、物料配比测定、成本核算以及生产过程自动调节等许多应用场合的需要，通常需要准确地获知流体的质量流量，因此需要有能直接测定流体质量流量的流量计。质量流量计的输出信号不受由流体压力、温度等参数改变引起的流体密度变化的影响，因此测量准确度有很大的提高。有些流量计的输出信号是反映体积流量（如容积流量计）的，也有一些流量计的输出信号与流体密度直接有关（如差压式流量计）。因此，在被测流体密度变化的情况下就无法得到准确的质量流量。

目前，质量流量计可分为三大类：

(1) 直接式：即测量元件的输出信号直接反映质量流量。

(2) 推导式：分别检测流体的两个相应参数，通过运算得到反映质量流量的信号。

(3) 温度、压力补偿式：即检测流体体积流量、温度、压力，根据流体密度和温度、压力的关系，通过计算得到流体密度，然后与体积流量相乘得到反映质量流量的信号。

### 一、直接式质量流量计

直接式质量流量计有多种类型，如振动管式、量热式、角动量式、陀螺式和双涡轮式等。这里仅介绍振动管式科里奥利力质量流量计的基本工作原理。

振动管式质量流量计使用时，被测量的流体通过一个转动或者振动中的测量管，流体在管道中的流动相当于直线运动，测量管的转动或振动会产生一个角速度。由于转动或振动是受到外加电磁场驱动的，有着固定的频率，因而流体在测量管中受到的科里奥利力仅与流体质量和速度有关。而质量和速度的乘积就是需要测量的质量流量，因而通过测量流体在测量管中受到的科里奥利力，便可以测量其质量流量。

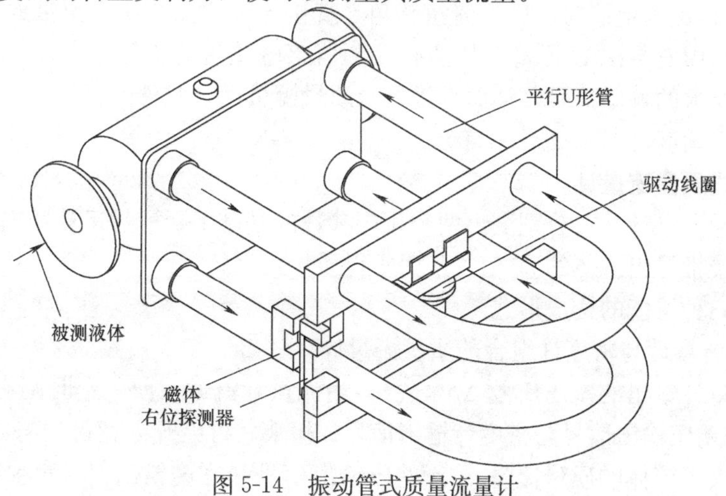


图 5-14　振动管式质量流量计

如图 5-14 所示，两根 U 形管在驱动线圈的作用下，以约 80Hz 的固有频率振动，其上下振动的角速度为 $\omega$。被测流体以流速 $v$ 从 U 形管中流过，流体流动方向与振动方向垂直。若 U 形管半边管内流体质量为 $m$，则半边管上所受到的科里奥利力 $F_c$ 为：

$$F_c = 2mv\omega \tag{5-38}$$

力的方向可由右手螺旋法则确定。由于两半管中流体质量相同、流速相等而流向相反，故 U 形管左右两半边管所受的科里奥利力大小相等、方向相反，从而使金属 U 形管产生扭转，即产生扭转角 $\theta$。

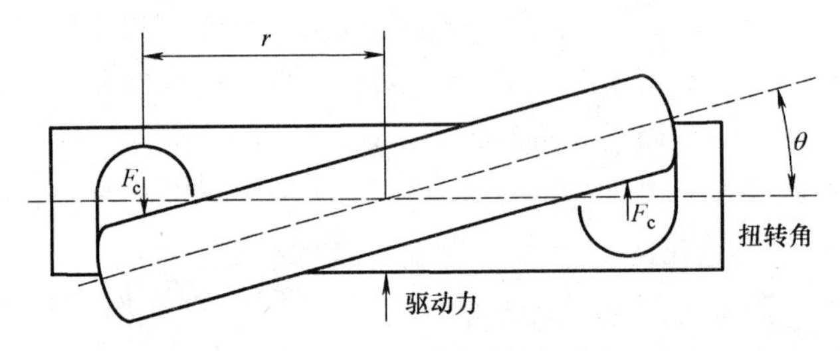


图 5-15　U 形管扭转原理图

当 U 形管振动处于由下向上运动的半周期时，扭转角方向如图 5-15 所示。当处于由上向下运动的半周期时，由于两半管所受的科里奥利力反向，U 形管扭转角方向与图中方向相反。$F_c$ 产生的扭转力矩 $M_c$ 为：

$$M_c = 2rF_c = 4rmv\omega = 4\omega r q_m \tag{5-39}$$

式中　$r$——U 形管两侧肘管至中心的距离。

U 形管扭转变形后产生的弹性反作用力矩为：

$$M_f = K_f\theta$$

式中　$K_f$——U 形管扭转变形弹性系数。

在稳态情况下存在 $M_c = M_f$ 关系，因此流过流量计的流体质量流量 $q_m$ 与 U 形管扭转角之间存在如下关系：

$$\theta = \frac{4\omega r}{K_f} q_m \tag{5-40}$$

当 $r$ 、$K_f$ 和 $\omega$ 为定值时，U 形管扭转角 $\theta$ 直接与被测流体质量流量成正比，因而与流体密度无关。用安装在 U 形管两侧的磁探测器感应此扭转角的大小，并经适当的电子线路变换为所要求的输出信号，从而直接指示质量流量值。此种流量计可测量气体、液体和多相流体，准确度可达 0.2%～1.0%。

**二、推导式质量流量计**

推导式质量流量计是在分别测出两个相应参数的基础上，通过运算器进行一定形式的数学运算，间接推导出流体的 $\rho\overline{v}$ 值，从而求得质量流量的。

下面介绍三种可能的构成形式。

1. 差压式流量计与密度计组合的质量流量计

差压式流量计输出的差压信号 $\Delta p \propto q_V^2 \rho$，当流量计流通截面一定时则有关系式 $\Delta p \propto \rho\overline{v}^2$。因此若把差压输出信号与密度计输出信号 $\rho$ 相乘，再经开方就得到与 $\rho\overline{v}$ 成正比的信号，此信号代表了流体的质量流量 $q_m$。差压输出信号和密度输出信号都要转化为统一的电或气信号，才能通过电或气的运算器进行乘、除、开方等运算。

图 5-16 为差压式流量计与密度计组合的质量流量计的示意图。质量流量由显示仪表进行指示和记录，流过流量计的流体的总质量由积算器来累计。

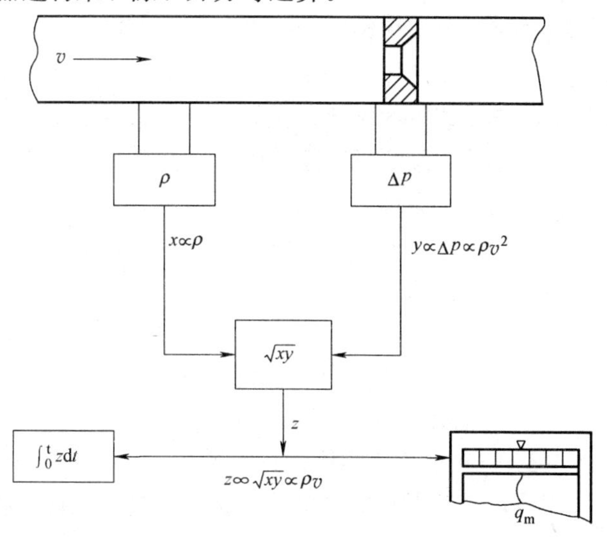


图 5-16　差压式流量计与密度计组合的质量流量计

密度计可采用同位素式、超声波式或振动管式等连续测量流体密度的仪表。

2. 速度式流量计和密度计组合的质量流量计

涡轮流量计、电磁流量计、超声波流量计等速度式流量计输出的信号代表管内流体截面平均流速 $\bar{v}$，将 $\bar{v}$ 与密度计输出信号 $\rho$ 相乘，就得到代表流体质量流量的 $\rho\bar{v}$ 信号，其组合原理图如图 5-17 所示。

3. 差压式流量计与速度式流量计组合的质量流量计

差压式流量计输出信号代表 $\rho\bar{v}^2$，速度式流量计输出信号代表 $\bar{v}$，如经运算器将两信号进行除法运算，就得到代表流体质量流量 $q_m$ 的 $\rho\bar{v}$ 信号，其组合原理图如图 5-18 所示。

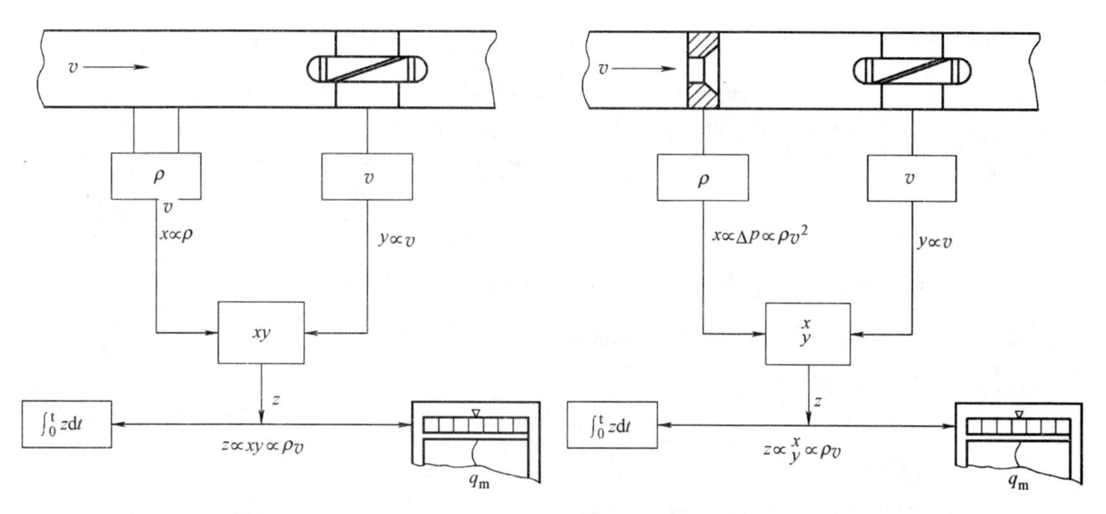


图 5-17　速度式流量计与密度计组合的质量流量计

图 5-18　差压式流量计与速度式流量计组合的质量流量计

## 三、温度、压力补偿式质量流量计

密度计由于结构和元件特性的限制，在高温、高压下不能使用。只能采用固定的密度值乘以容积流量。众所周知，介质密度随着压力、温度的变化而变化。在变工况下测量质量流量采用固定的密度值将带来较大的测量误差，故必须进行参数补偿，据此发展了温度、压力补偿式质量流量计。

温度、压力补偿式质量流量计的基本原理是：测量流体的体积流量、温度和压力值，根据已知的被测流体密度与温度、压力之间的关系，按一定的数学模型自动计算出相应的密度值，把测得的体积流量自动换算到标准状态下的体积流量。由于被测流体种类确定后，其标准状态下的密度 $\rho_0$ 是定值，所以标准状态下的体积流量值就代表了流体的质量流量值。因为连续测量温度、压力比连续测量密度容易。因此，目前工业上所用的质量流量计多采用这种原理。

当被测流体为液体时，可只考虑温度对流体密度的影响。在温度变化范围不大时，密度与温度之间的关系为：

$$\rho=\rho_0[1+\varepsilon(t_0-t)] \tag{5-41}$$

式中 $\rho$——工作温度 $t$ 下的流体密度；

$\rho_0$——标准状态（或仪表标定状态）温度 $t_0$ 下流体的密度；

$\varepsilon$——被测流体的体积膨胀系数。

因此，对于用容积式流量计或速度式流量计测得的液体体积流量 $q_v$，可用下式实现温度补偿：

$$q_m=\rho q_v=q_v\rho_0[1+\varepsilon(t_0-t)]=q_v\rho_0+q_v\rho_0\varepsilon(t_0-t) \tag{5-42}$$

若被测流体种类确定，$\rho_0$ 和 $\varepsilon$ 就为定值，此时只需要测得体积流量 $q_v$ 和温度变化 $(t_0-t)$，进行自动运算即可获得质量流量 $q_m$。对于水和油类，当温度在±40℃以内变化时，上式的准确度可达±0.2%。

当用差压式流量计来测量液体体积流量时，输出差压信号 $\Delta p$ 与体积流量 $q_v$ 之间的关系为 $q_v=K\sqrt{\Delta p/\rho}$（其中 $K$ 为常数）。此时实现温度补偿的计算式为：

$$q_m=\rho q_v=K\sqrt{\Delta p\rho}=K\sqrt{\Delta p\rho_0[1+\varepsilon(t_0-t)]} \tag{5-43}$$

若被测流体为低压范围内的气体，则可应用理想气体状态方程，即：

$$\rho=\rho_0\frac{pT_0}{p_0T} \tag{5-44}$$

式中 $\rho$——热力学温度为 $T$、压力为 $p$ 工作状态下的气体密度；

$\rho_0$——热力学温度为 $T_0$、压力为 $p_0$ 标准状态下的气体密度。

此时，对于体积式流量计或速度式流量计测得的体积流量 $q_v$，可经下式进行温度、压力补偿后得到质量流量 $q_m$：

$$q_m=\rho q_v=\frac{p}{p_0}\times\frac{T_0}{T}\rho_0q_v=C_1\frac{p}{T}q_v \tag{5-45}$$

式中 $C_1$——常数，$C_1=\frac{T_0}{p_0}\rho_0$。

对于测量 $\rho q_v^2$ 的差压式流量计，则可按下式进行温度、压力补偿：

$$q_m=\rho q_v=\rho K\sqrt{\frac{\Delta p}{\rho}}=K\sqrt{\Delta p\rho}=K\sqrt{\Delta p\rho_0\frac{T_0}{T}\frac{p}{p_0}}=C_2\sqrt{\Delta p\frac{p}{T}} \tag{5-46}$$

式中 $C_2$——常数，$C_2=K\sqrt{\rho_0T_0/p_0}$。

从上式可知，只要测得差压式流量计的差压值和温度、压力值，就能求得质量流量值。

## 第六节　差压式流量测量方法

差压式流量测量方法是根据伯努利定律，通过测量流体流动过程中产生的压差来测量流速或流量。利用此原理所设计的流量计称作差压式流量计，如毕托管、孔板、喷嘴、文丘里管等。

### 一、毕托管

前面已经介绍过毕托管的测量原理和使用方法。它是靠测量流体总压和静压的差值，也就是动压的大小来得到流体流速的。已知流体流场截面积，如管道内截面面积，若能测得流体在此截面的平均流速便可得到流体在该截面的流量。

实际管道中流动的流体因为黏性作用，管道截面上的流体流速分布是不均匀的。为了得到流体截面上的平均流速，通常将截面分成等面积的若干部分，并用毕托管测量每部分特征点处的流速，用此点的流速代表该部分的平均速度，得到通过该部分的流体流量，各部分的流量之和便为整个截面的流量。

流体体积流量可表示为：

$$q_{\mathrm{v}} = \frac{F}{n}\sum_{i=1}^{n} u_i \tag{5-47}$$

式中　$F$——管道截面面积；

　　　$n$——管道截面积等分数；

　　　$i$——各部分面积序号。

针对不同截面形状的管道，截面积等分方式不同。对于矩形管道，可将截面等分为若干面积相等的小矩形，小矩形的中心点为特征点（见图 5-19）。对于圆形管道，截面积等分方法有中间矩形方法、切比雪夫积分法、对数曲线法等。下面着重介绍中间矩形法。

中间矩形法又称等环面法，顾名思义就是将半径为 $R$ 的圆管道截面分成若干面积相等的同心圆环，中心部分为圆（见图 5-19）。圆环或圆的外径由管道中心算起，分别记为 $r_2$，$r_4$，……，$r_{2n}$。再在各圆环求得一圆，该圆把圆环分成面积相等的两部分，各圆的半径分别为 $r_1$，$r_3$，……，$r_{2n-1}$，此圆上的点便可作为其所在圆环的特征点。

各特征点所在圆的半径为：

$$r_1 = R\sqrt{\frac{1}{2n}} \tag{5-48}$$

$$r_3 = R\sqrt{\frac{3}{2n}} \tag{5-49}$$

$$r_{2i-1} = R\sqrt{\frac{2i-1}{2i}} \tag{5-50}$$

$$r_{2n-1} = R\sqrt{\frac{2n-1}{2n}} \tag{5-51}$$

式中　$n$——管道截面的面积等分数；

　　　$i$——圆环序号。

理论上，$n$ 越大，测量结果越准确，所以实际测量时，一般要求 $n \geqslant 5$，对于半径为

75～150mm 的截面，可取 $n=3$。

## 二、节流装置流量计

节流装置流量计是一种工业上常用的差压式流量计，它通过节流装置把流量信号转换成压差信号，如孔板、喷嘴、转子流量计和动压平均管等。节流装置流量计一般可分为两类：节流变压降流量计和恒压降变截面流量计。

### 1. 节流变压降流量计

如图 5-20 所示，当管道中连续流动的流体遇到节流装置时，会从 A 处开始，产生局部收缩，由于流体的惯性，收缩最小断面不在节流装置处，而在节流装置的最小截面之后的 B 截面处。对于孔板，B 截面在孔板之后；对于喷嘴，B 截面一般会在喷嘴的圆筒部分之内。该截面的位置还与流体的流量有关。根据流体伯努利方程，B 处的流体流速达到最大值 $u_B$，压强达到最小值 $p_B$。流体流过 B 截面后流速开始增大，静压升高，流速减小，到达 C 处时，流束充满整个管道，流速 $u_C=u_A$，但由于流体经过节流装置时会产生漩涡，流体会有能量损失，因此 A、C 截面的流体静压 $p_A>p_C$。

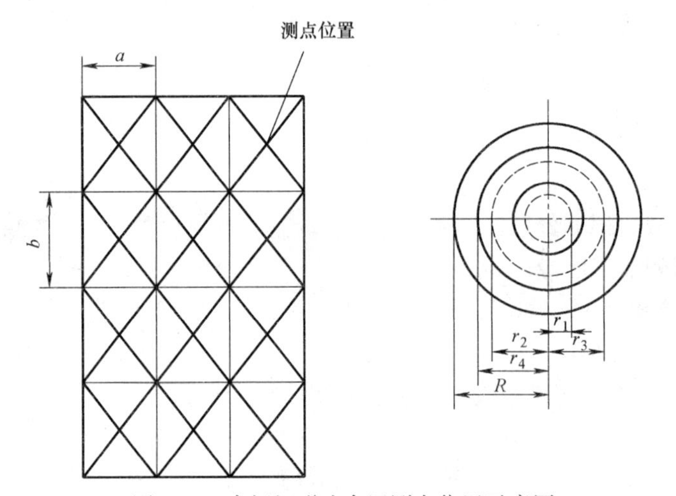


图 5-19　中间矩形法布置测点位置示意图

这种流量计的流量表达式是通过伯努利方程来确定的。假设流体不可压缩，截面 A、B 位置高度差可忽略，且流体流过节流装置前后无能量损失。则对截面 A、B 可列以下公式：

$$p_A+\frac{u_A^2}{2g}=p_B+\frac{u_B^2}{2g} \tag{5-52}$$

$$q_m=\frac{\pi D^2}{4}\rho u_A=\frac{\pi d'^2}{4}\rho u_B \tag{5-53}$$

式中　$p_A$，$p_B$——分别为截面 A、B 处流体中心的静压；

$u_A$，$u_B$——分别为截面 A、B 处流体中心的流速；

$D$，$d'$——分别为截面 A、B 处流速直径；

$\rho$——流体密度；

$q_m$——流体质量流量。

由上两式整理可得：

$$q_m=\sqrt{\frac{1}{1-\left(\frac{d'}{D}\right)^4}}\frac{\pi d'^2}{4}\sqrt{2\rho(p_A-p_B)} \tag{5-54}$$

推导上式时，未考虑流体通过节流装置的能量损失。实际测量时测点的位置是固定的，而B截面的位置会随流量的变化而变化，所以$p_B$的大小难以准确测定，并且B截面处的流速直径$d'$难以确定。为方便流量的测量，用节流装置前、后的管壁压强$p_1$，$p_2$分别替代$p_A$，$p_B$；用节流装置开孔直径$d$替代$d'$。考虑流体能量损失，把以上简化所引起的误差用流出系数$C$统一修正，得到质量流量：

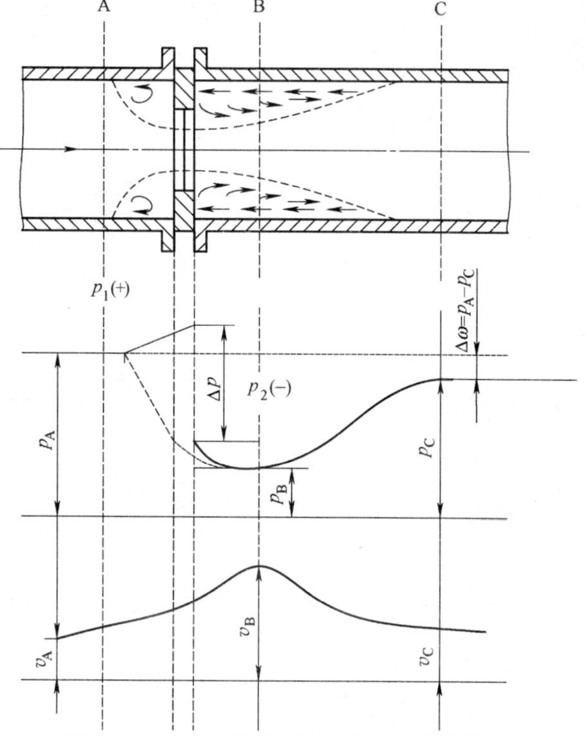

图 5-20　节流元件前后压力和流速变化情况

$$q_m=\sqrt{\frac{C}{1-\beta^4}}\frac{\pi d^2}{4}\sqrt{2\rho\Delta p} \tag{5-55}$$

式中　$\beta$——节流装置开孔直径与管径比，$\beta=d/D$；

$\Delta p$——节流装置前后管壁静压差，$\Delta p=p_1-p_2$。

若取$\alpha=\sqrt{C/(1-\beta^4)}$，流量公式变为：

$$q_m=\alpha\frac{\pi d^2}{4}\sqrt{2\rho\Delta p} \tag{5-56}$$

对于可压缩流体，节流过程中因流体密度变化使得流场与不可压缩流体的流场不同，因此引入流体可膨胀系数$\varepsilon$对上式进行修正得：

$$q_m=\varepsilon\alpha\frac{\pi d^2}{4}\sqrt{2\rho'\Delta p} \tag{5-57}$$

式中　$\rho'$——节流前的流体密度；

$\varepsilon$——流体可膨胀系数，对于可压缩流体，$\varepsilon<1$，对于不可压缩流体，$\varepsilon>1$。

流量公式中的流出系数$C$和可膨胀系数$\varepsilon$须通过实验得到。流出系数与节流装置的形式、取压方式、孔径比和流体流动状态等因素有关，对于不同的节流装置，只要几何相似并且流体雷诺数相同，则其$C$值相同。可膨胀系数$\varepsilon$也是一个影响因素复杂的参数，其值可由孔径比$\beta$、节流装置前后压强比$p_1/p_2$以及被测介质的等熵指数决定。它与流体流动状态无关。

2. 恒压降变截面流量计

与节流变压降流量计不同，恒压降变截面流量计在测量过程中流体通过节流元件前后压差不变，通流面积会随流量的变化而变化。这类流量计运用最广泛的是转子流量计。

转子流量计是由一根垂直安装的自下而上管径渐扩的圆锥形管和管内可上下浮动的转子组成，如图5-21所示。流体自下而上流经锥形管并冲击管内转子，因节流作用使转子上下产生压差，转子受到向上的托力并向上运动，随着转子的上移，转子与锥形管之间的通流面积逐渐增大，流体速度降低，转子上下压差减小，转子受到的流体的托力减小，当此托力与转子的重力和浮力平衡时，转子保持在一定高度。当流量变化时，转子高度变化，因此转子相对于锥形管的位置便可指示流体流量的大小。

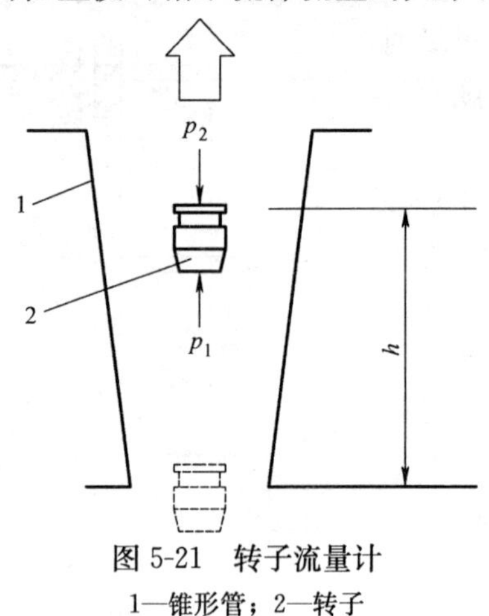


图 5-21 转子流量计

1—锥形管；2—转子

转子流量计的基本流量公式可根据伯努利方程推导得到，为：

$$q_V = \alpha F_0 \sqrt{\frac{2\Delta p}{\rho}} \tag{5-58}$$

式中 $q_V$——流体通过流量计的体积流量；

$\alpha$——流量系数；

$\Delta p$——转子上下压差；

$F_0$——转子与锥形管之间的通流面积。

通流面积 $F_0$ 可表示为：

$$F_0 = \frac{\pi}{4}[(d_0 + nh)^2 - d_0^2] = \frac{\pi}{4}(2d_0 nh + n^2 h^2) \tag{5-59}$$

式中 $d_0$——转子直径；

$n$——锥形管锥度；

$h$——转子相对于锥形管底部所处的高度。

当转子处于平衡状态时，对转子作受力分析，得：

$$F_f \Delta p = V_f(\rho_f - \rho)g \tag{5-60}$$

式中 $F_f$，$V_f$——分别为转子的横截面积和体积；

$\rho_f$，$\rho$——分别为转子材料的密度和流体密度。

综合式（5-58）和式（5-59）并化简可得：

$$q_V = \frac{1}{2}\alpha d_0 nh \sqrt{\frac{2gV_f(\rho_f - \rho)}{\rho F_f}} \tag{5-61}$$

经实验证明，转子流量计的流量系数 $\alpha$ 与转子的形状、流体雷诺数等有关，当转子的形状一定时，雷诺数大于某一下限值时，$\alpha$ 趋于某一固定常数。因此，对于确定的转子、锥形管和流体密度，当雷诺数在下限值以上时，可通过上式得到体积流量与转子位置之间的线性关系。

# 下　篇

# 工程热力学与传热学实验指导

# 实验一　非稳态（准稳态）法测材料的导热性能实验

## 一、实验目的

1. 快速测量绝热材料（不良导体）的导热系数和比热。掌握其测试原理和方法。
2. 掌握使用热电偶测量温度及温差的方法。

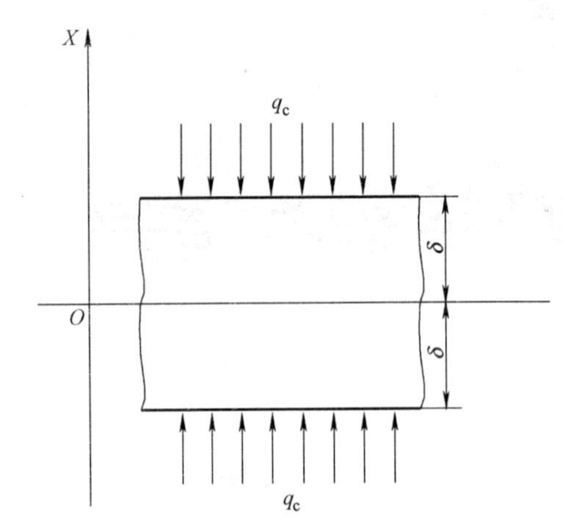


图1　第二类边界条件无限大平板导热的物理模型

## 二、实验原理

本实验是根据第二类边界条件，无限大平板的导热问题来设计的。设平板厚度为 $2\delta$，初始温度为 $t_0$，平板两面受恒定的热流密度 $q_c$ 均匀加热（见图1）。求任何瞬间沿平板厚度方向的温度分布 $t(x,\tau)$。

导热微分方程式、初始条件和第二类边界条件如下：

$$\frac{\partial t(x,\tau)}{\partial \tau}=a\frac{\partial^2 t(x,\tau)}{\partial x^2}$$

$$t(x,0)=t_0$$

$$\frac{\partial t(\delta,\tau)}{\partial x}+\frac{q_c}{\lambda}=0$$

$$\frac{\partial t(0,\tau)}{\partial x}=0$$

方程的解为：

$$t(x,\tau)-t_0=\frac{q_c}{\lambda}\left[\frac{a\tau}{\delta}-\frac{\delta^2-3x^2}{6\delta}+\delta\sum_{n=1}^{\infty}(-1)^{n+1}\frac{2}{\mu_n^2}\cos\left(\mu_n\frac{x}{\delta}\right)\exp\left(-\mu_n^2F_0\right)\right] \quad (1)$$

式中　$\tau$——时间；

$\lambda$——平板的导热系数；

$a$——平板的导温系数；

$\mu_n=n\pi$，$n=1$，2，3，……；

$F_0$——傅里叶准则，$F_0=a\tau/\delta^2$；

$t_0$——初始温度；

$q_c$——沿 $x$ 方向从端面向平面加热的恒定热流密度。

随着时间 $\tau$ 的延长，$F_0$ 数变大，式（1）中级数和项越小，当 $F_0>0.5$ 时，级数和项变得很小，可以忽略，式（1）变成：

$$t(x,\tau)-t_0=\frac{q_c\delta}{\lambda}\left(\frac{a\tau}{\delta^2}+\frac{x^2}{2\delta^2}-\frac{1}{6}\right) \quad (2)$$

由此可见，当 $F_0>0.5$ 后，平板各处温度和时间成线性关系，温度随时间变化的速率是常数，并且处处相同。这种状态称为准稳态。

在准稳态时，平板中心面 $x=0$ 处的温度为：

$$t(0,\tau)-t_0=\frac{q\delta}{\lambda}\left(\frac{a\tau}{\delta^2}-\frac{1}{6}\right)$$

平板加热面 $x=\delta$ 处为：

$$t(\delta,\tau)-t_0=\frac{q_c\delta}{\lambda}\left(\frac{a\tau}{\delta^2}+\frac{1}{3}\right)$$

此两面的温差为：

$$\Delta t=t(\delta,\tau)-t(0,\tau)=\frac{1}{2}\cdot\frac{q_c\delta}{\lambda} \tag{3}$$

如已知 $q_c$ 和 $\delta$，再测出 $\Delta t$，就可以由式（3）求出导热系数：

$$\lambda=\frac{q_c\delta}{2\Delta t} \tag{4}$$

实际上，无限大平板是无法实现的，实验总是用有限尺寸的试件。一般可认为，试件的长、宽尺寸为厚度的 8～10 倍以上时，试件用侧散热（边缘效应）对试件中心的温度影响可以忽略不计而把试件看作是一维导热的无限大平板。试件两端面中心处的温度差就等于无限大平板时两端面的温度差。

根据热平衡原理，在准稳态时，有下列关系：

$$q_c\cdot F=c\cdot\rho\cdot\delta\cdot F\cdot \mathrm{d}t/\mathrm{d}\tau$$

式中　$F$——试件的横截面积；

$c$——试件的质量比热；

$\rho$——其密度；

$\mathrm{d}t/\mathrm{d}\tau$——准稳态时的温升速率。

由上式可求得比热：

$$c=\frac{q_c}{\rho\cdot\delta\cdot \mathrm{d}t/\mathrm{d}\tau} \tag{5}$$

实验时，$\mathrm{d}t/\mathrm{d}\tau$ 以试件中心处为准。

**三、实验装置**

按上述理论及物理模型设计的实验装置如图 2 所示，说明如下：

1. 试件

试件尺寸为 199mm×199mm×$\delta$ 共四块，尺寸完全相同，$\delta$=10mm。每块试件上下面要平行，表面要平整。

2. 加热器

采用高电阻康铜箔平面加热器，康铜箔厚度仅为 20μm，加上保护箔的绝缘薄膜，总共只有 70μm。其电阻值稳定，在 0～100℃范围内几乎不变。加热器的面积和试件的端面积相同，也是 199mm×199mm 的正方形。两个加热器电阻值应尽量相同，相差应在 0.1%以内。

3. 绝热层

用导热系数比试件小得多的材料作绝热层，力求减少热量通过，使试件 1、4 与绝热层的接触面接近绝热。这样，可假定式（4）中的热量 $q_c$ 等于加热器发出热量的 1/2。

4. 热电偶

利用热电偶测量试件 2 两面的温差及试件 2、3 接触面中心处的温升速率。热电偶由 0.1mm 的铜一康铜丝制成，热电偶测温头要放在试件中心部位，热电偶的冷端放在冰瓶中，保持零度。热电偶的布置及接线如图 3 所示。

实验时，将四个试件迭齐放在一起，分别在试件 1 和 2 及试件 3 和 4 之间放入加热器 1 和 2，试件和加热器要对齐。热电偶测温头要放在试件中心部位。放好绝热层后，适当加以压力，以保证各试件之间接触良好。

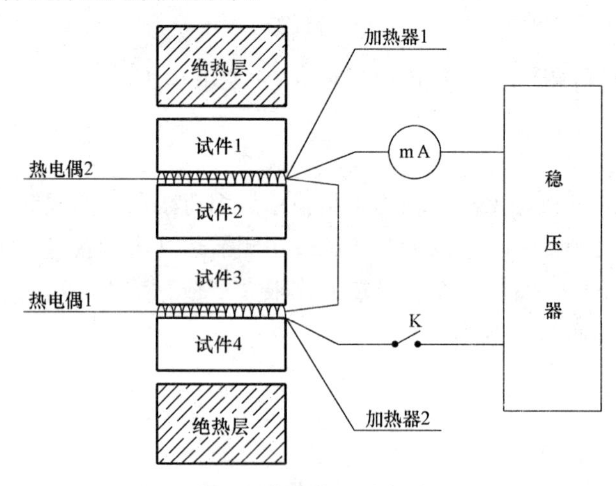


图 2　实验装置示意图

## 四、实验步骤

1. 用卡尺测量试件的尺寸：面积 $F$ 和厚度 $\delta$。

2. 按图 2 和图 3 放好试件、加热器和热电偶，接好电源，接通稳压器，并将稳压器预热 10min（注：此时开关 K 是打开的）。接好热电偶与电位差计及转换开关的导线。

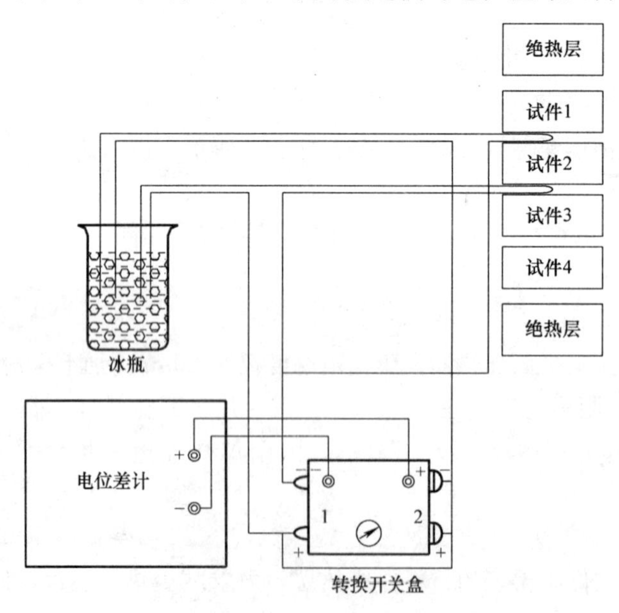


图 3　热电偶布置及接线图

3. 校对电位差计的工作电流。然后，将测量转换开关拨至“1”测出试件在加热前的温度，此温度应等于室温。再将转换开关拨到“2”，测出试件两面的温差，此时，应指示为零热电势，测量出的示值差最大不得超过 0.004mV，即相应初始温度差不得超过 0.1℃。

4. 接通加热器开关，给加热器通以恒电流（试验过程中，电流不允许变化。此数值事先经实验确定）。同时，启动秒表，每隔一分钟测读一个数值，奇数值时刻（1 分，3 分，5 分 ……）测“2”端热电势的毫伏数，偶数值时刻（2 分，4 分，6 分 ……），测“1”端热电势的毫伏数。这样，经过一段时间后（随所测材料而不同，一般为 10～20min），系统进入准稳态，“2”端热电势的数值（即式（4）中的温差 $\Delta t$）几乎保持不变。并记下加热器的电流值。

5. 第一次实验结束，将加热器开关 K 切断，取下试件及加热器，用电扇将加热器吹凉，待其和室温平衡后，才能继续做下一次实验。但试件不能连续做实验，必须经过 4h 以上的放置，使其冷却至与室温平衡后，才能再做下一次实验。

6. 实验全部结束后，必须断开电源，一切恢复原状。

**五、实验数据记录及处理**

室温 $t_0$：　　（℃）　　加热器电流 $I$：　　（A）

加热器电阻（两个加热器电阻的并联值）$R$：　　（Ω）

试件截面尺寸 $F$：　　（$m^2$）；　试件厚度 $\delta$：　　（m）

试件材料密度 $\rho$：　　（$kg/m^3$）；　热流密度 $q_c$：　　（$W/m^2$）

| 时间(分) | 0 | 1 | 2 | 3 | 4 | 5 | 6 | 7 | 8 |
|---|---|---|---|---|---|---|---|---|---|
| 温度“1”[mV] | | | | | | | | | |
| 温差“2”[mV] | | | | | | | | | |

| 时间(分) | 9 | 10 | 11 | 12 | 13 | 14 | 15 | 16 | 17 | 18 | 19 | 20 |
|---|---|---|---|---|---|---|---|---|---|---|---|---|
| 温度“1”[mV] | | | | | | | | | | | | |
| 温差“2”[mV] | | | | | | | | | | | | |

求出：热流密度 $q_c=\frac{1}{2}\cdot\frac{I^2R}{2F}$；

准稳态时的温差 $\Delta t$（平均值）（℃）；

准稳态时的温升速率 $dt/d\tau$（℃/h）。

然后，根据式（4）计算出试件的导热系数 $\lambda$ [W/(m·℃)]；根据式（5）计算试件的比热 $c$ [J/(kg·℃)]。

# 实验二　对流换热实验

## 一、实验目的

1. 实验法测定空气受迫横向流过单管时的换热系数。

2. 运用相似理论，将实验数据整理成准则方程式，并与有关教材中推荐的相应的准则方程式进行比较。

## 二、实验原理

1. 当空气受迫横向流过单管时，根据牛顿公式，换热系数计算公式为：

$$\alpha = \frac{Q}{F(t_w - t_f)} \tag{1}$$

$Q$ 为单管与空气流之间的对流换热量；实验采用单管内表面用电热丝均匀裹缠通电加热单管表面。电热丝所消耗的电功率 $N$ 变为热能通过单管表面向空气流散。当单管表面温度 $t_w$ 不变时，这时电功率 $N$ 为对流换热量 $Q$。

$F$ 为单管（直径 $D$ =12mm，长 $l$ = 300mm）在空气流中的表面积。

$$F = \pi \cdot D \cdot l \tag{2}$$

式中　$t_f$——风道气流平均温度；

$t_w$——单管表面温度。

所以，对一定尺寸的单管，内表面用电热丝加热，置于风洞中处于稳定状态后，只需测量电热丝电功率 $N$，单管和气流温度 $t_w$、$t_f$，即可计算出此种实验条件下的换热系数。

2. 根据相似理论的分析，流体受迫运动的准则方程式为：

$$Nu = f(Re \cdot Pr) \tag{3}$$

其中，雷诺准则 $Re=\frac{vl}{\upsilon}$，普朗特数 $Pr=\frac{c_p\mu}{\lambda}$。$l$ 为定型尺寸（取单管外径 $D$ 为定型尺寸）；$c_p$、$\lambda$、$\upsilon$、$\mu$ 为流体在定性温度 $t_f$ 时的定压比热、导热系数、黏度、动力黏度，$v$ 为流体流过最窄截面处的流速。

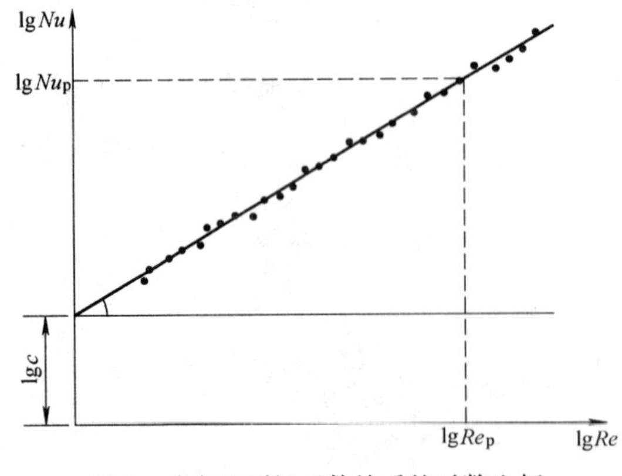


图 1　确定准则间函数关系的对数坐标

对于空气，物性参数 $c_p$、$\mu$、$\lambda$ 近似为常数，所以 $Pr$ 数为一常数，原准则方程简化为：

$$Nu = C \cdot Re^n \tag{4}$$

式（4）中，系数 $C$ 和指数 $n$ 为常数，可由实验得出，通过空气不同的流速情况下，单管和空气流之间的换热系数的测定，可以得到一组 $Re$ 和相应的 $Nu$ 数，把它们表示在双对数坐标图上（见图 1），则可求得 $C$ 和 $n$ 值。

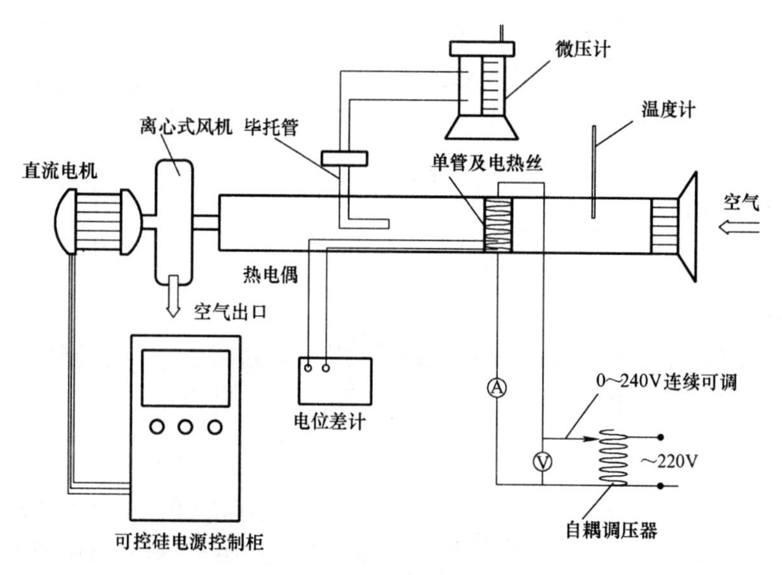


图 2　风洞装置

## 三、实验设备

1. 气流的形成和气流速度的调节

如图 2 所示，产生气流的设备有直流电机和离心通风机、若干节管道串联组成风洞，电机启动后在风机的作用下，空气被吸入风洞，在风洞里形成空气流。为使空气平稳不受进风口所影响，第一节风洞里有整流栅板，由于风洞截面一定（300mm×300mm），空气流速大小只要控制直流电机转速即可。一般通过改变电机转速来改变流量。

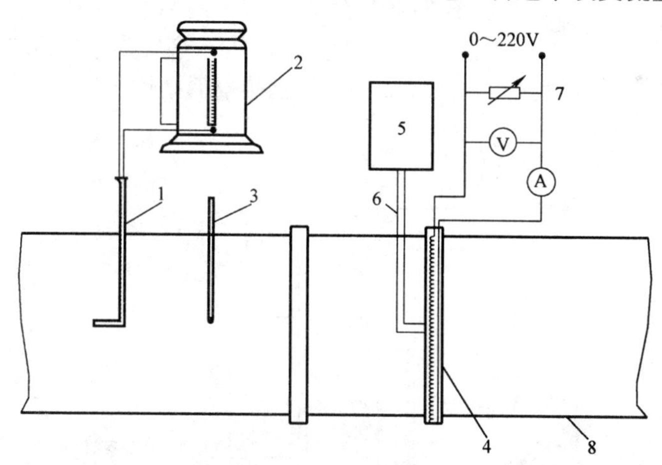


图 3　空气横掠单管换热系数测定试验段装置图

1—毕托管；2—补偿式微压计；3—水银温度计；4—单管及电热丝；5—电位差计；6—热电偶；7—自耦调压器

2. 单管对流换热试验段的组成

为了便于多组同学同时试验，风洞分为四个试验段，每一段安置相同的一组设备。

如图 3 所示，单管 4 用 $\Phi$12mm 的铜管制成，竖放在风洞中，空气流横掠而过。其加热装置外用套瓷管的电热丝均匀缠在铜管内面，电热丝用 0～220V 可调交流电源加热，所消耗的电功率由电流表和电压表测出，自耦调压器 7 用来调节单管加热的电功率。

空气流的温度由水银温度计 3 测出。

毕托管 1 和微压计 2 为测量空气速度的仪表。

热电偶 6 的热端结点焊接在铜管外表面，铜管表面温度在热电偶 6 中产生的热电势，由电位差计 5 读出。

3. 测试仪表

实验中除水银温度计和毕托管的测头在风洞装置上，其余各仪表都集中放置在实验台上，以便操作控制。

(1) 毕托管

用来测量空气流的总压（中心滞止压力）和静压，这两个压力之差气流动压 $\Delta p$ 用微压计测出。$\Delta p$ 值正比于空气流速 $v$ 的平方和密度 $\rho$（kg/m³）

$$v=\sqrt{\frac{2\Delta p}{\rho}}\text{(m/s)}$$

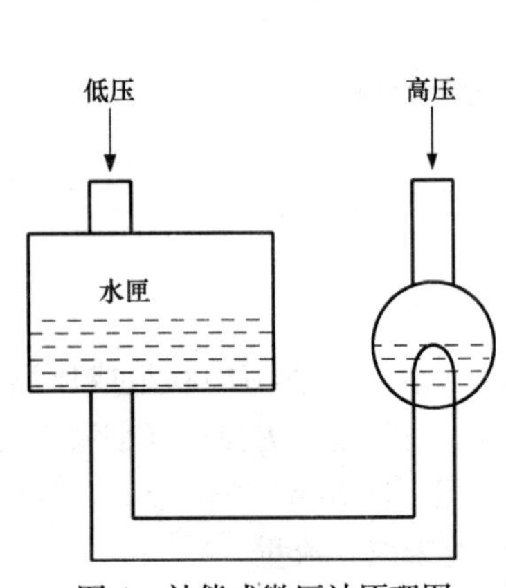

图 4　补偿式微压计原理图

(2) YJB－1500 型补偿式热流计（见图 4、图 5）

补偿式微压计的原理是水匣和总压管用橡皮管连通，组成 U 形连通器。两边水面高度差形成所测两边气体的微压差，用转动微调盘升降水匣，保持总压管中水准头和水面一致，水匣升降高度为两边的压差（见图 4）。

补偿式微压计由水匣升降微调盘、水准观测部分、反光镜及外壳组成（见图 5）。

(3) 热电偶及电位差计

热电偶用两种不同的金属丝焊接成一热端结点（见图 6），当热端和冷端有温度差时，冷端就有热电势产生。不同的金属，其温差与热电势的关系是不同的。其热电势大小由直流电位差计测出。图 6 为铜—康铜热电偶结构示意图。

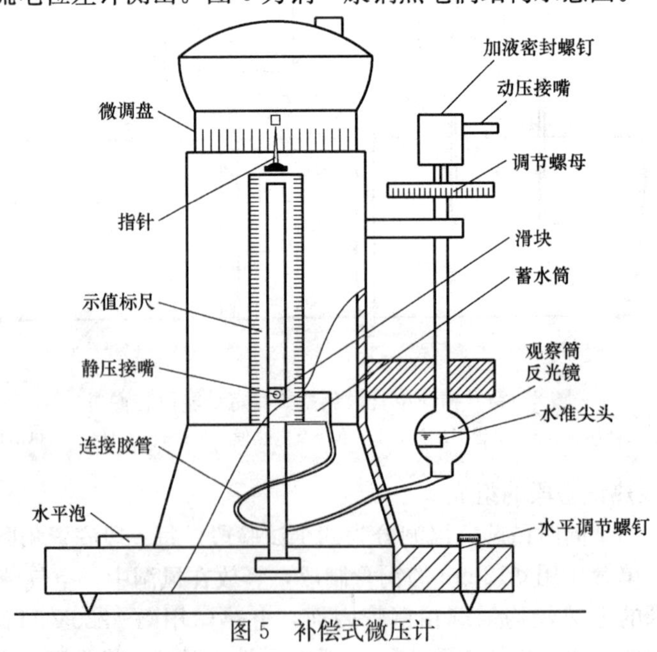

图 5　补偿式微压计

UJ 型直流电位差计（见图 7 和图 8）采用补偿法原理，将被测量热电势与恒定的标准电势相互比较，是一种高精度测量热电势的方法。

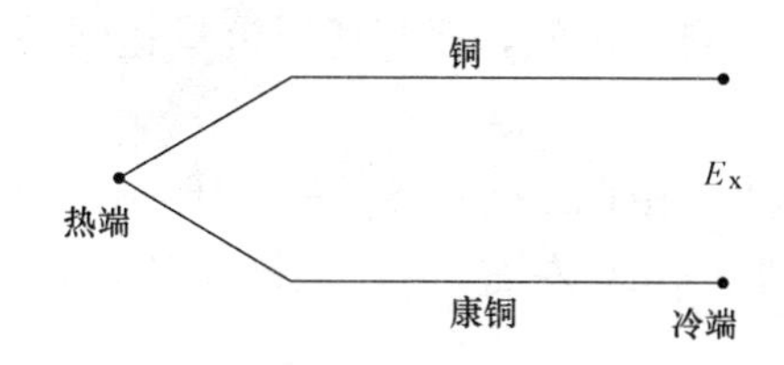


图 6　铜一康铜热电偶

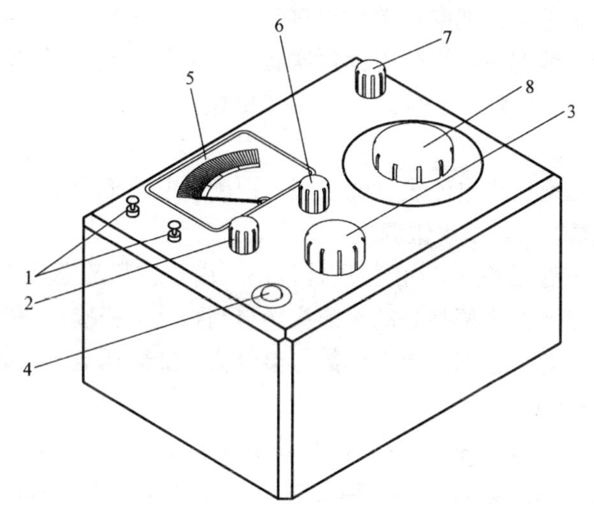


图 7　UJ 型电位差计面板排列图

1—未知测量接线柱 $E_x$；2—倍率开关；3—步进读数盘（规盘）；4—电键开关 K；5—检流计 $G$；6—检流计电气调零 $R_N$；7—工作电流调节器 $R$；8—滑线盘 $Q$

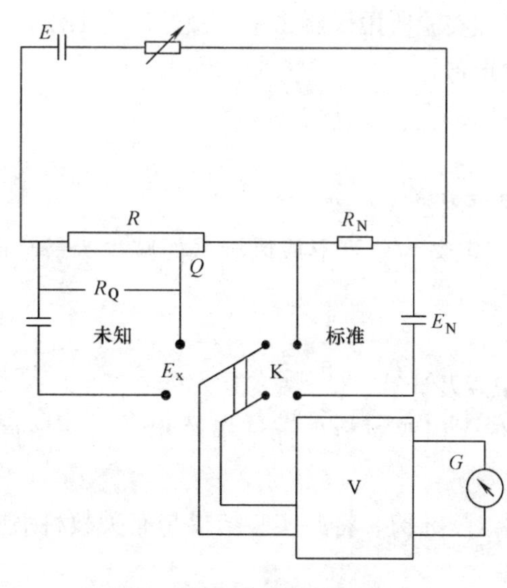


图 8　UJ 型电位差计原理图

## 四、实验步骤

1. 认真预习实验指导书，根据实验指导书要求接好全部电器线路、管道、仪表；并经实验指导教师检查。

2. 微压计位置水平调整：调整调节螺钉，观察水准泡的气泡在底座的小圆圈中间。微压计调零，将微调盘和刻度板上的示度准块均调到“0”点后，调动总压管调节螺母，从反光镜上观察水准头与液面情况，使水准头尖棱与其倒影的尖棱相接，完全达到液面与针尖相切。之后，总压管调节螺母保持不动。

3. 电位差计调节检流计指零，将电键开关扳向“标准”，调节图 7 中的工作电流调节

变阻器 $R$，使检流计指零（注意，在连续测量时，要求经常核对电位差计工作电流。即使检流计指零）。

4. 所有准备工作就绪后，启动风机，调整通风流量达到某一稳定工况（此项工作由实验指导老师完成）。

5. 调节电热丝的加热温度，由调压变压器控制电压，使通电电流不超过 4A，使铜管表面热电偶产生的热电势在 3～4mV 左右。（注意铜管温度不得超过 120℃，以免损坏电热丝。）

6. 待流动情况、管子温度稳定后，测定各参数：

（1）测铜管表面温度 $t_w$：把电位差计电键开关扳向"未知"（热电势值为 3～4mV），调节步进读数盘 3 和滑线盘 8，使检流计再次指零，其温差电势为 $E_x$ =（步进盘读数 ＋ 滑线盘读数）×倍率，再由实验室的铜－康铜热电偶（毫伏－温度）换算表查出表面温度 $t_w$。

（2）电热丝加热功率：由电流表、电压表分别读出电流 $I$、电压 $V$。

（3）风道空气流温度 $t_f$：由水银温度计读出。

（4）空气流总压与静压差 $\Delta p$：由微压计读出，由于空气流总压大于空气流静压，微压计观察筒上反光镜面上原来调整好的水准头影与倒影已不相接，调动微调盘，使得水准头影与倒影重新相接。此时，刻度板上读数（整数值）加微调盘上读数（小数值）为压差 $\Delta p$ 的水耗高度值（毫米）。

7. 完成一种流动工况的数据测定后，变动空气流量（改变工况），重复上述第 5、6 步。注意：流量应由小到大进行调节，电热丝电压可逐步加大。若风量由大到小进行调节，一定先减少电热丝电压再减少风量。每组同学共完成十种风量工况下各试验数据的测量记录。

8. 实验完成后，必须首先断开电热丝电源，待铜管管壁温度下降到室温左右，再停风机。切勿先停风机，以免烧坏电热丝。然后清理实验所用仪器物品，做好保管工作。清理实验场所，同学各自进行记录整理计算和实验报告。

**五、记录与计算**

1. 记录表和计算表序号相对应。

2. 空气参数根据风道气流平均温度 $t_f$ 查教科书附录表。

3. $v$ 为空气在风洞中平均流速，$Re$ 准则中 $v$ 定义为单管形成风洞截面减少为最窄面的流速（即最大流速）。

**六、实验报告要求**

1. 实验目的、实验主要原理及设备、实验记录及计算。

2. 根据本组十个实验点所得 $Nu_f$、$Re_f$ 数值。用双对数坐标纸描绘出 $Nu_f-Re_f$ 关曲线。

3. 根据 $Nu=CRe^n$，由对数关系的曲线求出 $C$、$n$ 值。将此实验结果与有关教科书中推荐的相应的准则方程比较，求出 $C$ 和 $n$ 的误差。

4. 误差分析。

实验数据记录表见下页

## 单管换热系数 $\alpha$ 及准则数
## 实验数据记录

室温 $t$ ________℃，大气压力 $p$ ________ mmHg

单管尺寸：直径 $D$=12mm　长 $l$=300mm

风洞尺寸：$L\times L$=300mm×300mm$^2$

| 序号 | 空气参数 | | | 换热系数 $\alpha=\frac{Q}{F\cdot\Delta t}$ | | | | 努谢尔特准则 $Nu_f$ | 雷诺准则 $Re_f=\frac{vd}{\upsilon_f}$ | |
|---|---|---|---|---|---|---|---|---|---|---|
| | $\rho_f$ (kg/m$^3$) | $\lambda_f\times10^2$ [W/(m·℃)] | $\upsilon_f\times10^6$ (m$^2$/s) | $F=\pi dl$ (m$^2$) | $Q=N$ (W) | $\Delta t=(t_w-t_f)$(℃) | $\alpha$ [W/(m$^2$·℃)] | $\frac{\alpha d}{\lambda_f}$ | $v=\sqrt{\frac{2\Delta P}{\rho}}$ | $Re_f$ |
| 1 | | | | | | | | | | |
| 2 | | | | | | | | | | |
| 3 | | | | | | | | | | |
| 4 | | | | | | | | | | |
| 5 | | | | | | | | | | |
| 6 | | | | | | | | | | |
| 7 | | | | | | | | | | |
| 8 | | | | | | | | | | |
| 9 | | | | | | | | | | |
| 10 | | | | | | | | | | |

| 序号 | 铜管表面温度 | | 电热丝功率 $W$ | | | 风道平均气流温度(℃) | 流体动压 $\Delta p$ | |
|---|---|---|---|---|---|---|---|---|
| | 热电势 $E_x$(mV) | 温度 $t_\omega$(℃) | 电流 $I$(A) | 电压 $V$(V) | 功率 $N=I\cdot V$ (W) | $t_f$ | mmH$_2$O | Pa |
| 1 | | | | | | | | |
| 2 | | | | | | | | |
| 3 | | | | | | | | |
| 4 | | | | | | | | |
| 5 | | | | | | | | |
| 6 | | | | | | | | |
| 7 | | | | | | | | |
| 8 | | | | | | | | |
| 9 | | | | | | | | |
| 10 | | | | | | | | |

# 实验三　铂丝表面黑度的测定

## 一、实验目的

1. 巩固已学过的辐射换热理论知识。

2. 熟悉测定铂丝黑度的实验方法。

3. 定量测定铂丝表面在温度为100～500℃的黑度。

4. 掌握热工实验技巧及有关仪表的工作原理和使用方法。

## 二、实验原理

在真空腔内，腔内壁2表面（凹表面）与1表面（凸表面）组成两灰体的辐射换热系统（见图1）。1、2面的表面绝对温度、黑度和面积分别为 $T_1$、$T_2$；$\varepsilon_1$、$\varepsilon_2$ 和 $A_1$、$A_2$。表面1、2间的辐射换热量 $Q_{12}$ 为：

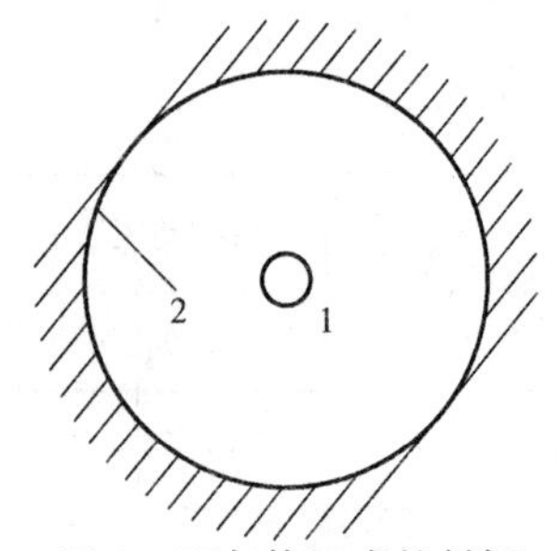


图1　两灰体组成的封闭辐射换热系统

$$Q_{12}=\frac{A_1(E_{b1}-E_{b2})}{1/\varepsilon_1+A_1/A_2(1/\varepsilon_1-1)} \tag{1}$$

表面积 $A_2\gg A_1$，即 $A_1/A_2\to 0$，这样式（1）可简化为：

$$Q_{12}=\varepsilon_1 A_1\sigma_0(T_1^4-T_2^4) \tag{2}$$

式中　$\sigma_0$——黑体辐射常数，$\sigma_0=5.67\times10^{-8}\mathrm{W/(m^2\cdot K^4)}$

根据式（2）可得：

$$\varepsilon_1=\frac{Q_{12}}{A_1\sigma_0(T_1^4-T_2^4)} \tag{3}$$

因此，只要测出 $Q_{12}$、$A_1$、$T_1$、$T_2$ 即可由式（3）求得物体1表面的黑度 $\varepsilon_1$。

## 三、实验设备及实验系统

实验设备包括辐射实验台本体、直流稳压源、电位差计、直流电流表及水浴等。

1. 实验台本体构造如图2所示：铂丝封闭在真空玻璃腔内，真空度达 $5\times10^{-4}$mmHg。

铂丝直径 $d=0.2$mm，实验段长 $L=100$mm，故铂丝实验段表面积 $A_1=6.28\times10^{-5}\mathrm{m^2}$，与铂丝两端相连的是与玻璃具有同样膨胀系数的钨丝，钨丝与电源相接。另外，在铂丝实验段两端还引出两根导线用以测电压。腔外加一层玻璃套，套中通冷却水，分别留有进、出水口。循环水温由水浴控制。

2. 实验系统如图3所示，该装置的电路系统功率通过稳压电源控制。负载在2～8V、0.5～1.5A范围内调整。通过铂丝实验段的电压和电流由电位差计和电流表读出。

## 四、温度与热量测量原理

1. 铂丝表面温度 $t_1$ 的测定

在实验台中，铂丝本身既为发热元件，又是测量元件。测温采用电阻法，铂丝表面温度可通过下式求得：

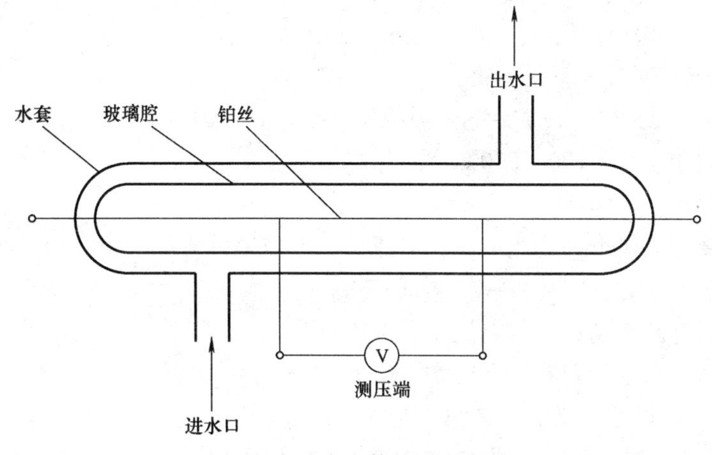

图 2　实验台本体构造示意图

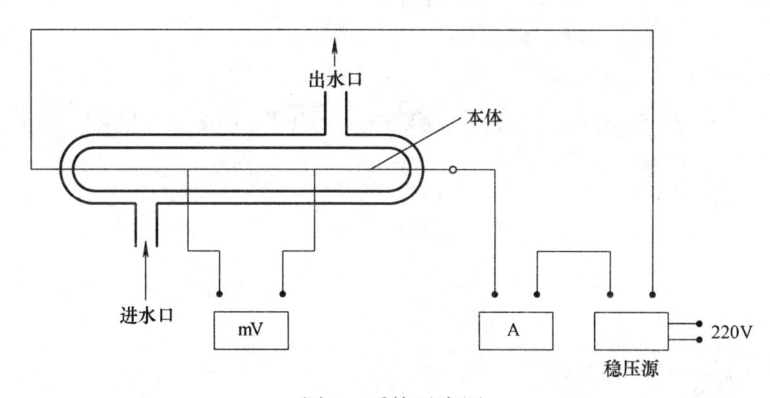

图 3　系统示意图

$$t_1 = (R_t - R_0)/(R_0 a) \tag{4}$$

式中　$R_0$、$R_t$——铂丝在 0℃和 $t$℃时的电阻，Ω，$R_0=0.28\Omega$，$R_t$可通过测出的实验段电压 $V$ 与电流 $I$ 计算出，$R_t=V/I$；

$a$——铂丝的电阻温度系数，$a=3.9\times10^{-3}$ 1/℃。

2. 玻璃表面温度 $t_2$ 的测定

由于 2 表面的热流密度小，而水与玻璃的换热系数又较大，故可用冷却水的平均温度代替，又由于冷却水温度变化不大，故可直接用出口水温代替平均温度。出口水温用玻璃温度计测量。

3. 辐射换热 $Q_{12}$的测量与计算

用测出的电压 $V$ 及电流 $I$ 计算出热量 $Q$，它是铂丝实验段的产热量，等于实验段与腔壁的辐射换热量 $Q_{12}$及实验段端部导线的导热损失。由于实验段外的铂丝部分，由于也产生热量，故可认为其表面温度与实验段相近，通过这部分的导热损失可忽略不计。导线损失主要是由电压引线引起的。这部分热量损失主要与导线的导热系数、表面黑度、平均温度、两端温差、表面积、长度及空腔环境有关。由于环境温度，导线材料及几何尺寸已定，所以热量损失主要与两端温差与导线平均温度有关。导线温度和两端温差与实验段产

热值 $Q$ 及 $t_1-t_2=\Delta t$ 成比例。故辐射换热量 $Q_{12}$ 可写为：

$$Q_{12}=BQ \tag{5}$$

式中　$B$——系数，通过大量实验得：

$$B=\exp(0.00377\Delta t-4.074) \tag{6}$$

上式适用范围为 $\Delta t=100\sim500$℃，冷却水为室温。

**五、实验步骤**

1. 按图连接有关仪表：稳压电源、电流表、电位差计等。
2. 按照每个仪表的操作规程进行调试。
3. 调节稳压电源控制铂丝的电流 $I$ 和电压 $V$。
4. 待铂丝温度稳定后记录 $I$、$V$ 及出水口温度。
5. 重复 3，4，测另一温度下的铂丝黑度。

**六、数据整理**

1. 黑度计算

可根据式（3）计算出黑度，以例说明之。

（1）已知参数

$$R_0=0.28\ \Omega;a=3.9\times10^{-3}1/℃;\sigma_0=5.67\times10^{-3}\ W/(m^2\cdot K^4)$$

$$A_1=6.28\times10^{-5}\ m^2;\ B=\exp(0.00377\Delta t-4.074)$$

（2）实测参数

$$I=0.7A;V=0.2998V;t_2=13.9℃$$

（3）计算

$$R_t=\frac{V}{I}=\frac{299.8}{700}=0.4283\Omega$$

$$Q=I\cdot V=0.7\times0.2998=0.20986W$$

$$t_1=\frac{R_1-R_0}{R_0\cdot a}=\frac{0.4283-0.28}{0.28\times3.9\times10^{-3}}=135.8℃$$

$$T_1=135.8+273=408.8K$$

$$T_2=13.9+273=286.9K$$

$$B=\exp[0.00377(135.8-13.9)-4.074]=0.027$$

$$Q_{12}=Q\cdot B=0.20986\times0.027=0.00567W$$

$$\varepsilon=\frac{Q_{12}}{\sigma_0(T_1^4-T_2^4)A_1}$$

$$=\frac{0.00567}{5.67\times10^{-8}(408.8^4-286.9^4)\times6.28\times10^{-5}}$$

$$=0.075$$

2. 黑度随温度变化的关系式

在 100～500℃之间，铂丝的真实黑度与温度之间近似地有线性关系：

$$\varepsilon=a_1+bt$$

故可将 $\varepsilon=f(t)$ 的实验数据点到直角坐标纸上（见图 4），根据直线求出 $a$ 及 $b$，也可用最小二乘法计算出 $a$ 及 $b$。

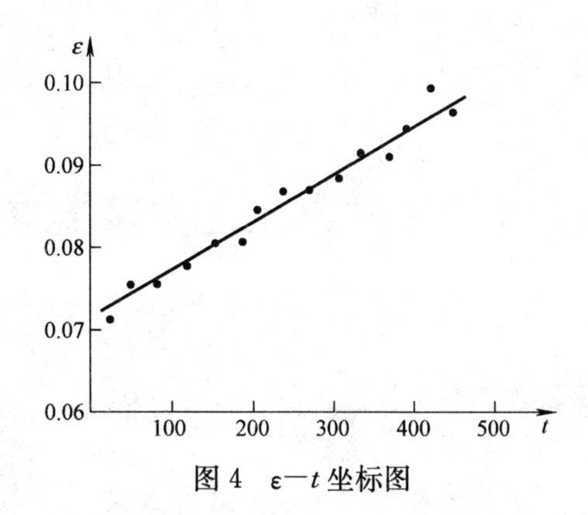

图 4　ε—$t$ 坐标图

## 七、注意事项

1. 输入铂丝的电流不得超过 1.6A。

2. 实验停止后，应及时切断电源。

# 实验四　气体定压比热测定实验

**一、实验目的**

1. 了解气体比热测定装置的基本原理。

2. 熟悉实验中测温、测压及测流量的方法。

3. 掌握由基本数据计算比热值和求得比热公式的方法。

4. 分析实验产生误差的原因及减小误差的可能途径。

**二、实验原理**

根据定压比热的定义，有：

$$c_{\mathrm{p}} = \left(\frac{\partial h}{\partial T}\right)_{\mathrm{p}} \tag{1}$$

式中　$h$——气体的比焓；

$T$——气体的热力学温度。

由热力学第一定律可知，在气体等压流动中，如果气体不对外做功，且位能和动能的变化可以忽略不计，那么气体焓值的变化就等于它从外界吸收的热量，即：

$$m\mathrm{d}h = (\delta Q)_{\mathrm{p}} \tag{2}$$

这样，气体的定压比热可表示为：

$$c_{\mathrm{p}} = \left(\frac{\partial h}{\partial T}\right)_{\mathrm{p}} = \frac{1}{m}\left(\frac{\partial Q}{\partial T}\right)_{\mathrm{p}} \tag{3}$$

将（3）式两边积分得：

$$mc_{\mathrm{pm}}(T_2 - T_1) = Q_{\mathrm{p}} \tag{4}$$

式中，$c_{\mathrm{pm}}$为 $T_1$～$T_2$之间的平均定压比热，即：

$$c_{\mathrm{pm}} = \frac{1}{T_2 - T_1}\int_{T_1}^{T_2} c_{\mathrm{p}}\mathrm{d}T = \frac{Q_{\mathrm{p}}}{m(T_2 - T_1)} = \frac{Q_{\mathrm{p}}}{m\Delta T} \tag{5}$$

式中　$Q_{\mathrm{p}}$——气体在定压流动过程中由温度 $T_1$被加热到 $T_2$时所吸收的热量，W；

$m$——气体的质量流量，kg/s；

$\Delta T$——气体定压流动过程中的温升，K。

这样，如果能准确测出气体定压流动过程的温升 $\Delta T$、质量流量 $m$ 和加热量 $Q_{\mathrm{p}}$，即可求得气体在 $\Delta T$ 温度范围内的平均定压比热 $Q_{\mathrm{pm}}$。

在温度变化范围不大的条件下，气体的定压比热可以表示为温度的线性函数，即：

$$c_{\mathrm{p}} = a + bT \tag{6}$$

此时，不难证明，温度 $T_1$ 至 $T_2$ 之间的平均比热在数值上就等于平均温度 $T_{\mathrm{m}} = (T_1 + T_2)/2$ 下气体的真实比热，即：

$$c_{\mathrm{pm}} = (c_{\mathrm{p}})_{T_{\mathrm{m}}} = a + bT_{\mathrm{m}} \tag{7}$$

据此，改变 $T_1$和 $T_2$，就可以测出不同平均温度下的真实比热，从而求得比热与温度的关系。

## 三、实验装置

该装置由风机、流量计、比热仪、电功率调节器及测量系统等部分组成，如图 1 所示，比热仪主体如图 2 所示。

实验时，被测空气由风机经湿式气体流量计送入比热仪主体，经加热、均流、旋流、混流后流出。在此过程中，分别测量空气在流量计出口处的干球温度 $t_0$、湿球温度 $t_w$（由于是湿式气体流量计，实际为饱和状态）、气体经比热仪主体的进口温度 $t_1$、出口温度 $t_2$、气体的体积流量 $V$、电热器的输出功率 $W$、实验时的大气压力 $p_b$ 和流量计出口处的表压 $\Delta h$（$mmH_2O$）。根据上述数据，并查得相应的物性参数，即可计算出被测气体的定压比热 $c_{pm}$。

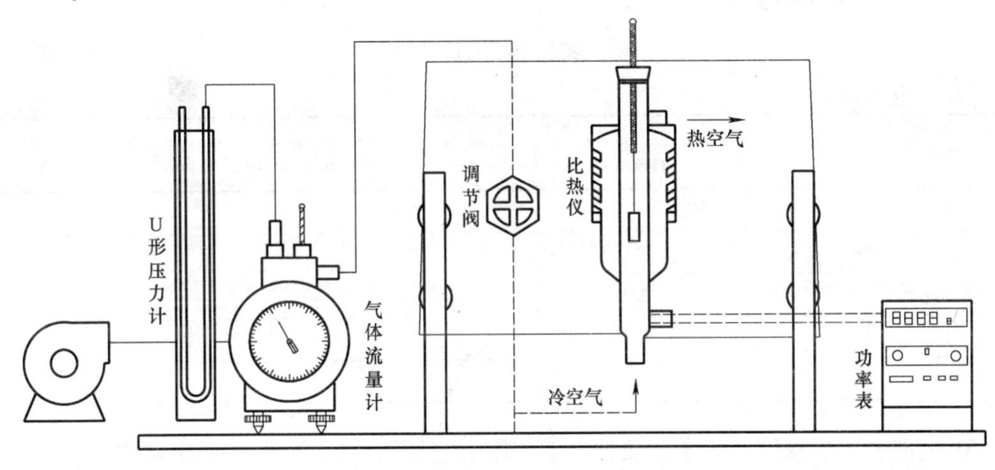


图 1　实验装置示意图

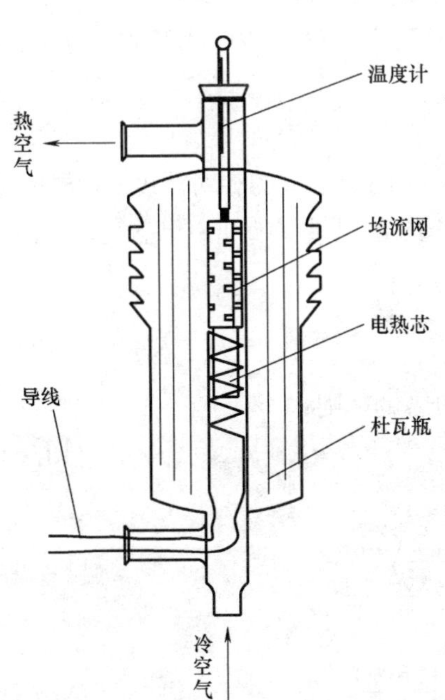


图 2　比热仪主体结构示意图

气体的流量由节流阀控制，气体的出口温度由输入电热器的功率来调节。

比热仪主体结构如图 2 所示，该比热仪可测 250℃以下的定压比热。

## 四、实验步骤

实验中需要测量干空气的质量流量 $m$、水蒸气的质量流量 $m_w$、电加热器的加热量（即气体的吸热量）$Q_p$ 和气体温度等。具体的实验步骤如下：

1. 将流量计调水平。

2. 接通电源及测量仪表，开动风机，调节节流阀，使流量保持在额定值附近。测出湿式气体流量计出口空气的干球温度 $t_0$ 和湿球温度 $t_w$。

3. 调节湿式气体流量计，使它工作在额定值附近。逐渐提高电热器功率，使出口温度升高至预定温度。

可以根据下式预先估计所需电功率：

$$N \approx 12 \frac{\Delta t}{\tau}$$

式中　$N$——电热器输入功率，W；

$\Delta t$——进出口温度差，℃；

$\tau$——每流过 10L 空气所需的时间，s。

4. 待出口温度稳定后（出口温度在 10min 之内无变化或只有微小起伏，即可视为稳定），读出下列数据，并将实验数据记录至表 1 中：

(1) 每 10L 空气通过流量计所需时间 $\tau$(s)；

(2) 比热仪进口温度即流量计的出口温度 $t_1$(℃)；

(3) 比热仪的出口温度 $t_2$(℃)；

(4) 大气压力 $p_b$(kPa)和流量计出口处的表压 $p_g$($mmH_2O$)；

(5) 电热器的输出功率 $N$ (W)。

**实验数据记录表**　　　　**表 1**

大气压力 $p_b$：　　pa

| 测量值 / 组号 | 干球温度 $t_0$(℃) | 湿球温度 $t_b$(℃) | 比热仪出口温度 $t_2$(℃) | 输出功率 $N$(W) | 流量计出口表压 $p_g$($mmH_2O$) |
|---|---|---|---|---|---|
| 1 | | | | | |
| 2 | | | | | |
| 3 | | | | | |
| 4 | | | | | |
| 5 | | | | | |

5. 完成上述步骤后，改变加热器功率，重复步骤 1～4，测得不同出口温度 $t_2$ 下的实验数据（至少 4 组以上）。然后先后切断加热器及风机电源，使仪器恢复原样。

$t_2$ 可分别设定为：40℃、60℃、80℃、100℃或 100℃、120℃、140℃和 160℃等。

## 五、数据处理

对于上述实验结果，相应的数据处理方法如下：

1. 根据流量计出口空气的干球温度 $t_0$ 和湿球温度 $t_w$，确定空气的相对湿度 $\varphi$，根据 $\varphi$ 和干球温度从湿空气的焓-湿图（工程热力学附图）中查出含湿量 $d$(g/kg 干空气)，并根据下式计算出水蒸气的容积成分：

$$r_w = \frac{d/622}{1+d/622}$$

2. 电热器消耗的电功率即为电热器单位时间放出的热量，则：

$$Q = 3.6N \qquad \text{(kJ/h)}$$

3. 干空气流量（质量流量）为：

$$G_g = \frac{pV}{R_g T_0} = \frac{(p_b + p_g) \times (1 - r_w)(36/\tau)}{287(t_0 + 273.15)} \qquad \text{(kg/h)}$$

4. 水蒸气流量为：

$$G_w = \frac{pV}{R_w T_0} = \frac{(p_b + p_g) \times r_w (36/\tau)}{461.5(t_0 + 273.15)} \qquad \text{(kg/h)}$$

5. 水蒸气吸收的热量：

$$\dot{Q}_w = G_w\int_{t_1}^{t_2}(0.1101+0.0001167t)\mathrm{d}t \qquad (kJ/h)$$

6. 干空气的定压比热为：

$$C_{pm}\Big|_{t_1}^{t_2}=\frac{Q_g}{G_g(t_2-t_1)}=\frac{Q-Q_w}{\dot{G}_g(t_2-t_1)} \qquad [kJ/(kg \cdot ℃)]$$

7. 将上述实验的计算结果记录在表 2 中。

实验结果计算表 **表 2**

| 计算值<br>组号 | $d$(g/kg) | $r_w$ | $Q$(kJ/h) | $G_g$(kg/h) | $G_w$(kg/h) | $Q_w$(kJ/h) | $(t_2-t_1)$<br>(℃) | $C_{pm}\|_{t_1}^{t_2}$ |
|---|---|---|---|---|---|---|---|---|
| 1 | | | | | | | | |
| 2 | | | | | | | | |
| 3 | | | | | | | | |

8. 确定比热随温度的变化关系

假定在 0～250℃之间，空气的真实定压比热与温度之间近似地有线性关系，则由 $t_1$ 到 $t_2$ 的平均比热为：

$$C_{pm}\Big|_{t_1}^{t_2}=\frac{\int_{t_1}^{t_2}(a+bt)\mathrm{d}t}{t_2-t_1}=a+b\frac{t_2+t_1}{2}$$

因此，若以 $(t_1+t_2)/2$ 为横坐标，$C_{pm}\big|_{t_1}^{t_2}$ 为纵坐标，则可根据不同的温度范围内的平均比热确定截距 $a$ 和斜率 $b$，从而得出比热随温度变化的计算式。如图 3 所示。

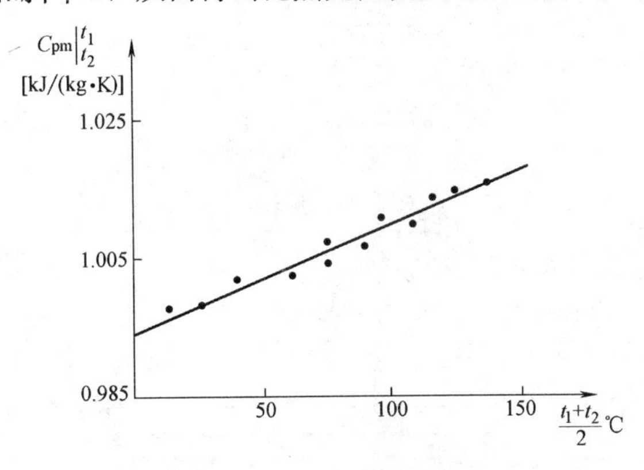


图 3 气体定压比热与温度的关系

## 六、注意事项

1. 切勿在无气流通过的情况下使电热器工作，以免引起局部过热而损坏比热仪主体。

2. 输入电热器的电压不得超过 220V，气体出口最高温度不得超过 300℃。

3. 加热和冷却要缓慢进行，防止温度计和比热仪主体因温度骤变而破裂。

4. 停止实验时，应先关断电热器，让风机继续运行 15min 左右（温度较低时可适当缩短）。

5. 实验测定时，必须确信气流和测定仪的温度状况稳定后才能读数。

# 实验五　可视性饱和蒸汽压力和温度关系实验

## 一、实验目的和要求

1. 通过实验要测得一系列对应于饱和压力下的饱和蒸汽温度，由此可以绘制出它们之间的关系曲线，并与饱和水蒸气热力性质表中相应数值作比较。

2. 学会温度计、压力表、调压器和大气压力计等仪表的使用方法。

3. 在测试中，能观察到水在小容积容器金属表面的泡态沸腾现象。

4. 通过试验数据的整理，掌握饱和蒸汽 $p-t$ 关系图表的编制方法。

## 二、实验原理

本实验装置利用电加热器给密闭容器中的蒸馏水加热，使密闭容器水面以上空间产生具有一定压力的饱和蒸汽。利用调压器改变电加热器的电压，使其加热量发生变化，从而产生不同压力下的饱和蒸汽。

## 三、实验设备

实验装置由电加热密封容器（产生饱和蒸汽）、压力表、温控仪等组成。图 1 为实验装置简图，图 2 为实验设备剖面图。

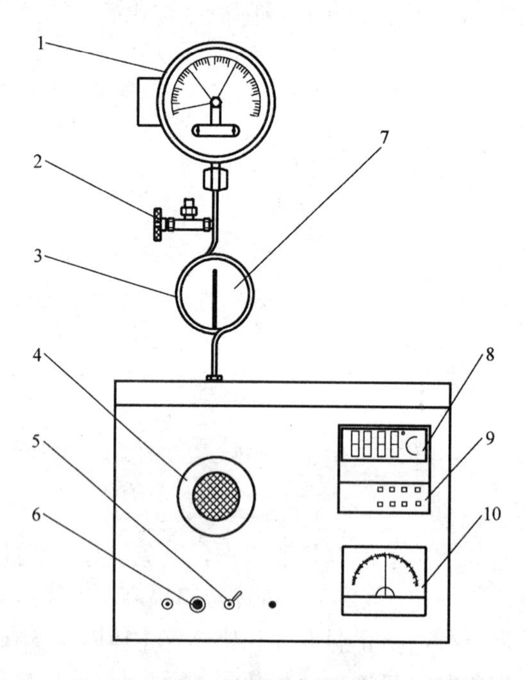


图 1　实验装置简图

1—电接点真空压力表（－0.1～0～1.5MPa）；2—排气阀；3—缓冲器；4—观察窗及蒸汽发生器；5—电源开关；6—电功率调节器；7—温度计（100～250℃）；8—可控数显温度仪；9—电流表；10—温控调节器

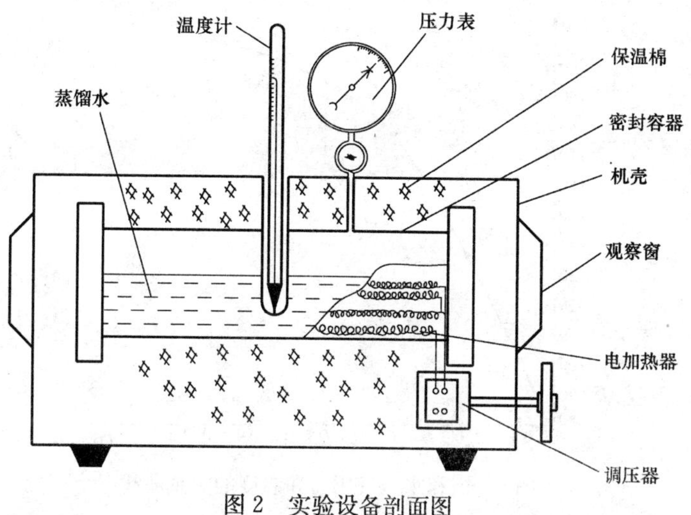

图 2　实验设备剖面图

## 四、实验方法与步骤

1. 熟悉实验装置及使用仪表的工作原理和性能。

2. 将电功率调节器调节至电流表零位，然后接通电源。

3. 将温控调节器的温度起始值设定为 100℃，顺时针调节电功率调节器，将电流表的电流调到 1A，待水蒸气的温度升至 100℃，工况稳定后，记录下水蒸气的压力和温度。重复上述实验，温度每增加 5℃，测一组温度数据，在 0～0.6MPa（表压）范围内实验不少于 10 次，并将实验结果记录到表 1。

4. 实验完毕后，将调压指针旋回零位，断开电源。

## 五、实验记录和整理

1. 记录和计算

（1）实验装置接通后一定要注意安全，实验中切记不要随意触碰电源、排气阀和真空压力表。

（2）实验装置最大工作压力为 8 个大气压。

**可视性饱和蒸汽 $p-t$ 关系测量记录表　室温：$t=$　　℃**　　表 1

| 实验次数 | 饱和压力(MPa) | | | 饱和温度(℃) | | 相对误差 |
|---|---|---|---|---|---|---|
| | 压力表读数 $p'$ | 大气压力 $B$ | 绝对压力 $p=p'+B$ | 温度计读值 $t'$ | 理论值 $t$ | $\left\|\frac{t'-t}{t}\right\|\times100\%$ |
| 1 | | | | | | |
| 2 | | | | | | |
| 3 | | | | | | |
| 4 | | | | | | |
| 5 | | | | | | |
| 6 | | | | | | |
| 7 | | | | | | |
| 8 | | | | | | |
| 9 | | | | | | |
| 10 | | | | | | |

2. 绘制 $p$-$t$ 关系曲线：

（1）将实验数据标记在普通坐标纸上，剔除偏离连远的点（奇导点），绘制曲线（见图 3）。

（2）若将实验数据绘制在对数坐标纸上，则基本呈一直线（见图 4 和图 5）。

t(℃)
200
190
180
170
160
150
140
130
120
110
100
90
80
0 0.1 0.2 0.3 0.4 0.5 0.6 0.7 0.8 0.9 1.0 1.1
P(MPa)


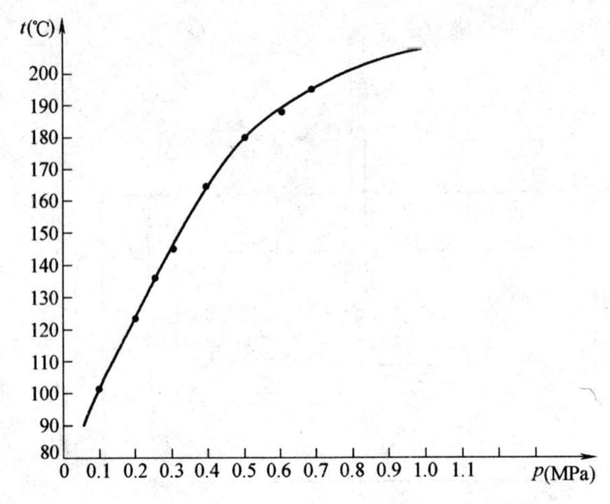

图 3　饱和水蒸气压力和温度的关系曲线

t(℃)
200
150
100
0.1 0.2 0.3 0.4 0.5 0.6 0.7 0.8 0.9 1.0
P(MPa)


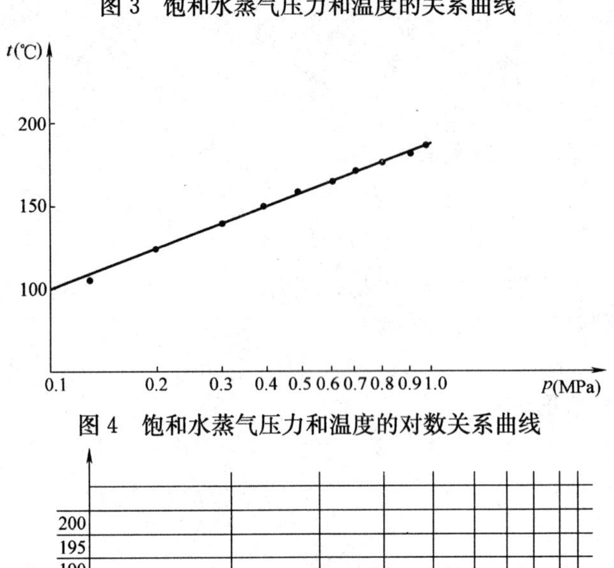

图 4　饱和水蒸气压力和温度的对数关系曲线

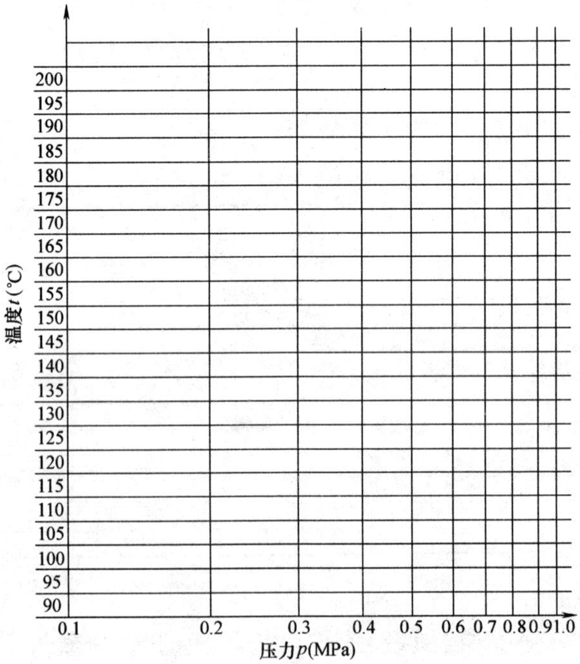

温度t(℃)
200
195
190
185
180
175
170
165
160
155
150
145
140
135
130
125
120
115
110
105
100
95
90
0.1 0.2 0.3 0.4 0.5 0.6 0.7 0.8 0.9 1.0
压力p(MPa)


图 5　$p$—$t$ 对数曲线

# 实验六　压气机性能实验

## 一、实验目的

1. 了解活塞式压气机的工作原理及构造，理解压气机主要性能参数的意义。

2. 熟悉用微机测定压气机工作过程的方法，采集并显示压气机的示功图。

3. 根据测定结果，确定压气机的循环耗功量 $W_c$、耗功率 $P$、平均多变压缩指数 $n$、容积效率 $\eta_V$ 等性能参数，或用面积仪测出示功图的有关面积并用直尺量出有关线段的长度，也可得出压气机的上述性能参数。

## 二、实验原理

活塞式压气机是通用的机械设备之一，其工作原理是消耗机械能（或电能）而获得压缩气体。压气机的压缩指数和容积效率等都是衡量其性能先进与否的重要参数。本实验是利用计算机对压气机的有关性能参数进行实时动态采集，经计算处理得到展开的和封闭的示功图，从而获得压气机的平均压缩指数、容积效率、指示功、指示功率等性能参数。

压气机的工作过程可以用示功图表示，示功图反映的是气缸中的气体压力随体积变化的情况。本实验的核心就是用现代测试技术测定实际压气机的示功图。实验中采用压力传感器测试气缸中的压力，用接近开关确定压气机活塞上止点的位置。当实验系统正常运行后，当活塞到达上止点时，接近开关产生一个脉冲信号，数据采集板在该脉冲信号的激励下，以设定的频率采集压力信号，当活塞完成一个工作循环，第二次到达上止点时，下一个脉冲信号产生时，此时，计算机中断压力信号的采集并将采集数据存盘。显然，接近开关两次脉冲信号之间的时间间隔刚好对应活塞在气缸中往返运行一次（一个周期），这期间压气机完成了膨胀、吸气、压缩及排气四个过程。

实验测量得到压气机示功图后，根据工程热力学原理，可进一步确定压气机的多变指数和容积效率等参数。

另外，通过调节储气罐上节气阀的开度，可以改变压气机排气压力实现变工况测量。

本实验装置主要由压气机、电动机及测试系统组成（见图 1）。其中，测试系统包括：压力传感器、动态应变仪、放大器、计算机及打印机等，如图 2 所示。

压气机型号：Z-0.03/7；

气缸直径：$D=50$mm，活塞行程：$L=20$mm；连杆长度：$H=70$mm，转速：$r=1400$r/min。

为了获得反映压气机性能的示功图，在压气机的气缸头上安装了一个应变式压力传感器，用来获取实验时气缸内输出的瞬态压力信号。该信号经桥式整流后，送至动态应变仪放大。另外对应活塞上止点的位置，在飞轮外侧粘贴一块磁条，从电磁传感器上取得活塞上止点的脉冲信号，作为控制采集压力的起止信号，以达到压力和曲轴转角信号的同步。这两路信号经放大器分别放大后，送入 A/D 板转换为数值量，然后送至计算机，经计算处理便得到了压气机工作过程中的压力数据及展开的示功图和封闭的示功图，如图 3 及图 4 所示。

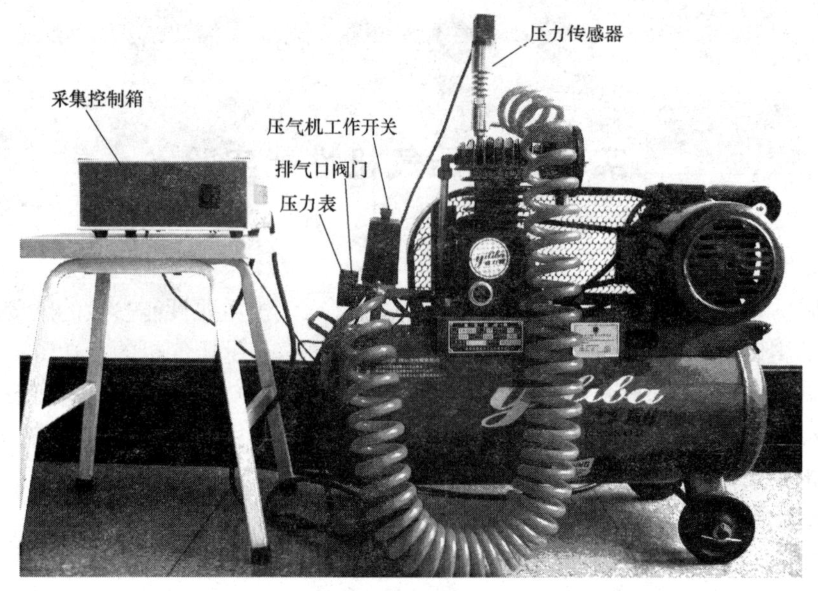

图1　压气机实验装置及测试系统总貌

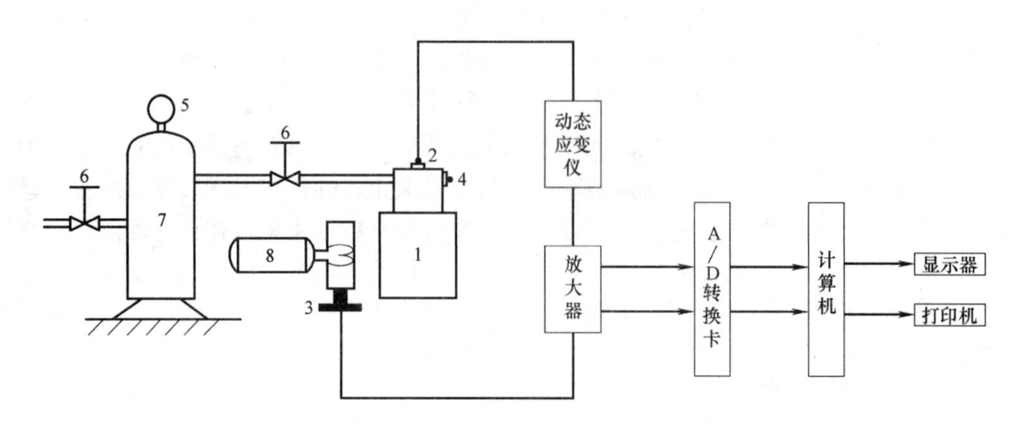

图2　压气机实验装置及测试系统示意图

1—压气机；2—压力传感器；3—位移传感器；4—安全排放阀；
5—压力表；6—调节阀；7—稳压罐；8—电动机

## 三、参数计算方法

1. 循环耗功量

压气机的耗功 $W_c$ 是压气机在一个工作循环中消耗的功，其值对应于封闭示功图上工作过程线 *cdijc* 所包围的面积，即：

$$W_c = \oint P\mathrm{d}V = S \cdot K_1 \cdot K_2 \quad \mathrm{J}$$

式中　$S$——封闭示功图上工作过程线 *cdijc* 所包围的面积，$m^2$，可用面积仪测出其值；

$K_1$——单位长度代表的容积，$m^3/m$，$K_1=(\pi/4)D^2L/gb$；

$D$——气缸直径，m；

$L$——活塞行程，m；

$gb$——对应于气缸容积的线段长度（m）；

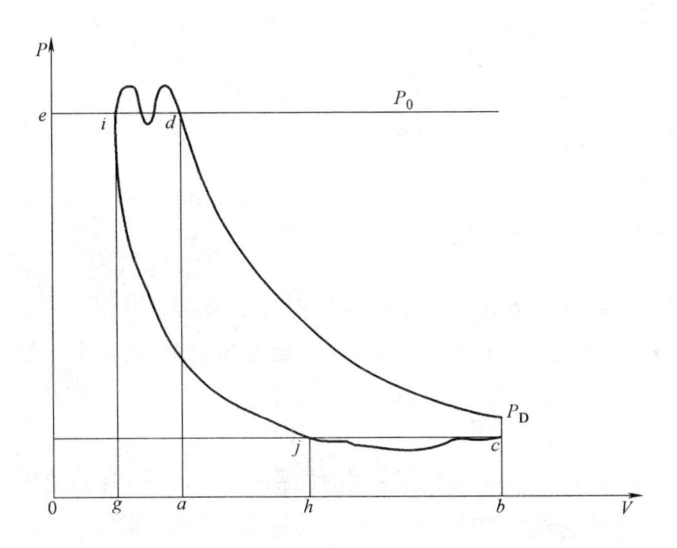


图 3　封闭的示功图

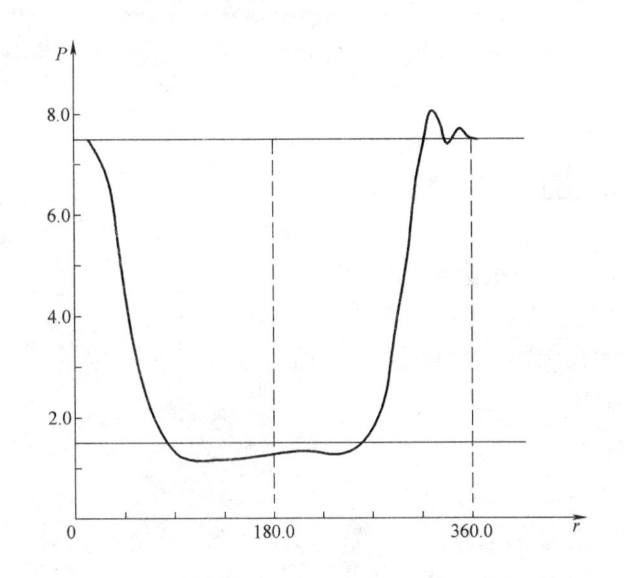


图 4　展开的示功图

$K_2$——单位长度代表的压力，Pa/m，即 $K_2 = p_2/fe$；

$p_2$——压气机排气的表压力，Pa，即 $p_2 = p_d - p_0$；

$fe$——表压力 $p_2$ 在纵坐标轴上对应的高度，m。

2. 耗功率

压气机的耗功率 $p$ 是单位时间内压气机所消耗的功，即：

$$p=\gamma \cdot W_c/60(\mathrm{W}) \tag{2}$$

式中　$\gamma$——电动机转速，r/min。

对于本实验台，$p<750\mathrm{W}$。

耗功率 $p$ 的理论值计算式为：

$$p=\frac{n}{n-1}\cdot p_1\cdot V_1\cdot\left(1-\pi\frac{n-1}{n}\right) \tag{3}$$

式中　$n$——多变压缩指数；

$p_1$——压气机吸气压力，$N/m^2$；

$V_1$——压气机的吸气量，$m^3/s$；

$\pi$——增压比。

3. 多变压缩指数

压气机的实际压缩过程将介于定温压缩过程与定熵压缩过程之间，即多变压缩指数 $n$ 的范围为 $1<n<k$，因为多变过程的技术功 $W_t$ 是容积功 $W$ 的 $n$ 倍，所以 $n$ 等于图 3 封闭示功图上压缩过程线与纵坐标轴围成的面积同压缩过程线与横坐标轴围成的面积之比，即：

$$n = W_t/W=(cdefc\text{ 围成的面积})/(cdabc\text{ 围成的面积}) \tag{4}$$

由于本实验工质为空气所以 $1.0<n<1.4$。膨胀过程同理。

4. 容积效率

由容积效率的定义得：

$$\eta_v = \text{有效吸气容积}/\text{活塞工作容积} \tag{5}$$

实际上，在封闭示功图上，对应于有效吸气过程的线段 $hb$ 长度与对应于活塞行程的线段 $gb$ 长度之比等于容积效率，即：

$$y_V=(hb/gb) \tag{6}$$

容积效率 $y_V$ 的理论值计算式为：

$$y_V=1-(V_c/V_H)[\pi/N-1] \tag{7}$$

对于本实验台，余隙容积比 $V_c/V_h= 4.76\%$。

式中　$V_c$——余隙容积，$V_c=(\pi/4)\ D_2X_c$；

$V_h$——活塞工作容积，$V_h=(\pi/4)D_2L$；

$X_c$——余隙高度；

$L$——活塞行程。

**四、实验步骤**

1. 接通所有测试仪器的电源。

2. 把采集、处理数据的软件调入计算机。

3. 启动压气机，调好排气量，待压气机工作稳定后，计算机开始采集数据，经过计算机处理，得到了展开的和封闭的示功图。

4. 用面积仪测量封闭示功图的面积。

5. 分别测量压缩过程线与横坐标及纵坐标包围的面积。

6. 用尺子量出有效吸气线段 $hb$ 的长度和活塞行程线段 $gb$ 的长度。

7. 计算循环耗功量、耗功率、平均多变压缩指数及容积效率（要求计算过程）。

**五、数据记录与分析**

测量并记录 3～6 组不同的压力稳定值时压气机的各项参数。

**实验数值记录表** **表 1**

| 性能参数 | 循环耗功量 $W_c$(J) | 耗功率 $p$ (W) | 容积效率 $y_r$(%) | 多变指数 | | | |
|---|---|---|---|---|---|---|---|
| | | | | 吸气压力 $p_1$ (MPa) | 排气压力 $p_2$ (MPa) | 压缩过程多变指数 $n$ | 膨胀过程多变指数 $m$ |
| 1 | | | | | | | |
| 2 | | | | | | | |
| 3 | | | | | | | |
| 4 | | | | | | | |
| 5 | | | | | | | |
| 6 | | | | | | | |

## 六、思考题

1. 说明示功图上活塞式压气机的工作过程，并与理想压气机 $P$-$V$ 图比较有何区别，为什么？

2. 本实验中测量的压气机的几个参数反映的是压气机哪些方面的性能？从此次实验来看，这台压气机工作是否正常？可否提出改进方法。

3. 如果手工计算应如何计算这几个参数？

# 实验七　用球体法测定导热系数实验

## 一、实验目的

1. 学习用球体法测定粒状材料导热系数的方法。

2. 了解温度测量过程及温度传感元件。

## 二、导热的基本概念

1. 导热的定义

导热是指物体内的不同部位因温差而发生的传热，或不同温度的两物体因直接接触而发生的传热。

2. 导热的基本名词及术语

(1) 温度场——物体某一瞬间的温度分布

非稳态温度场：$t=f(x,y,z,i)$

稳态温度场：$t=f(x,y,z)$

一维稳态温度场：$t=f(x)$

上式中，$x$，$y$，$z$ 为空间坐标，$i$ 为时间坐标。

(2) 温度梯度——沿等温面法线方向的温度增加率（见图 1）温度梯度的数学表达式如下：

$$\mathrm{grad}t=n\lim_{\Delta t\to 0}\frac{\Delta t}{\Delta n}=n\frac{\partial t}{\partial n} \tag{1}$$

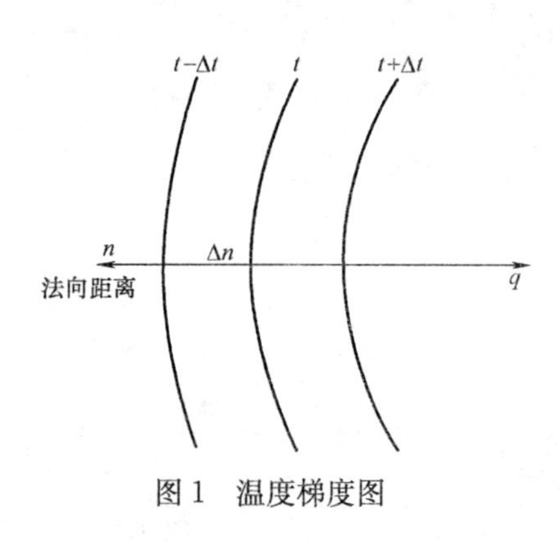


图 1　温度梯度图

温度梯度是向量，指向温度升高的方向。

(3) 热流量和热流密度

热流量 $\Phi$（或热流）——单位时间内经由整个导热面积 $A$ 传递的热量，单位为 W。

热流密度——单位时间内经由单位导热面积传递的热量，$q=\Phi/A$，单位为 $\mathrm{W/m^2}$。

3. 导热的基本定律——傅里叶定律

傅里叶定律的表达式为：

$$\boldsymbol{q}=-\lambda\mathrm{grad}t=-\lambda\boldsymbol{n}\frac{\partial t}{\partial n} \tag{2}$$

或

$$\Phi=-\lambda A\frac{\partial t}{\partial n} \tag{3}$$

式中 $\lambda$ 为导热系数，负号表示热流密度与温度梯度方向相反，指向温度降低的方向。

4. 导热系数（又称热导率）

导热系数是表征材料导热能力的物理量，单位为 W/（m・K），对于不同的材料，导热系数是不同的。对于同一种材料，导热系数还取决于它的化学纯度，物理状态（温度、压力、成分、容积、重量和吸湿性等）和结构情况。各种材料的导热系数都是专门实验测定出来的，然后汇成图表，工程计算时，可以直接从图表中查取。导热系数的定义式可由傅里叶定律导出：

$$\lambda=-\frac{\boldsymbol{q}}{\mathrm{gradt}}[\mathrm{W/(m\cdot K)}] \tag{4}$$

对多数工程材料而言，温度的影响最大。一般可认为与温度呈线性关系

$$\lambda=\lambda_0(1+bt)$$

式中 $\lambda_0$——0℃时的导热系数；

$b$——常数，二者均由实验确定。

**三、实验原理**

球体法就是应用沿球半径方向一维稳态导热的基本原理测定粒状或粉末和纤维状材料导热系数的实验方法。

如图2所示，设有一空心球体，若内外表面的温度各为 $t_1$ 和 $t_2$ 并维持不变，根据傅里叶导热定律：

$$\phi=-\lambda A\frac{\mathrm{d}t}{\mathrm{d}r}=-4\pi r^2\lambda\frac{\mathrm{d}t}{\mathrm{d}r} \tag{5}$$

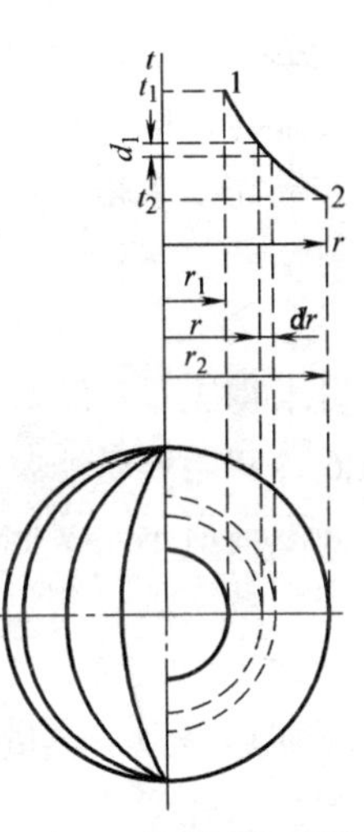

图2 球壳导热过程

边界条件

$$r=r_1\text{时 }t=t_1$$
$$r=r_2\text{时 }t=t_2 \tag{6}$$

（1）若 $\lambda$=常数，则由式（5）和式（6）求得：

$$\phi=\frac{4\pi\lambda r_1r_2(t_1-t_2)}{r_2-r_1}=\frac{2\pi\lambda d_1d_2(t_1-t_2)}{d_2-d_1}(\mathrm{W})$$

$$\lambda=\frac{\phi(d_2-d_1)}{2\pi d_1d_2(t_1-t_2)}[\mathrm{W/(m\cdot K)}] \tag{7}$$

（2）若 $\lambda\neq$常数，式（5）变为：

$$\phi=-4\pi r^2\lambda(t)\frac{\mathrm{d}t}{\mathrm{d}r} \tag{8}$$

由式（8），得：

$$\phi\int_{r_1}^{r_2}\frac{\mathrm{d}r}{4\pi r^2}=-\int_{r_1}^{r_2}\lambda(t)\mathrm{d}t \tag{9}$$

将上式右侧分子分母同乘以（$t_2-t_1$），得：

$$\phi\int_{r_1}^{r_2}\frac{\mathrm{d}r}{4\pi r^2}=-\frac{\int_{r_1}^{r_2}\lambda(t)\mathrm{d}t}{t_2-t_1}(t_2-t_1) \tag{10}$$

式中，$\frac{\int_{t_1}^{t_2}\lambda(t)\mathrm{d}t}{t_2-t_1}$ 项显然就是 $\lambda$ 在 $t_1$ 和 $t_2$ 范围内的积分平均值，用 $\lambda_m$ 表示，即 $\lambda_m=\frac{\int_{t_1}^{t_2}\lambda(t)\mathrm{d}t}{t_2-t_1}$，工程计算中，材料的热导率对温度的依变关系一般按线性关系处理，即 $\lambda=\lambda_0(1+bt)$。因此，有：

$$\lambda_m = \frac{\int_{t_1}^{t_2} \lambda_0 (1 + bt) \mathrm{d}t}{t_2 - t_1} = \lambda_0 \left[ 1 + \frac{b}{2}(t_1 + t_2) \right]$$

这时，(10) 式变为：

$$\lambda_m = \frac{\phi}{(t_1 - t_2)} \int_{r_1}^{r_2} \frac{\mathrm{d}r}{4\pi r^2} = \frac{\phi(d_2 - d_1)}{2\pi d_1 d_2 (t_1 - t_2)} \,[\mathrm{W/(m \cdot K)}] \tag{11}$$

式中 $\lambda_m$——实验材料在平均温度 $t_m = \frac{1}{2}$ ($t_1 + t_2$) 下的热导率，

$\phi$——稳态时球体壁面的导热量；

$t_1$、$t_2$——分别为内外球壁的温度；

$d_1$、$d_2$——分别为球壁的内外直径。

实验时，应测出 $t_1$、$t_2$ 和 $\phi$，并测出 $d_1$、$d_2$，然后由式 (11) 得出 $\lambda_m$。

如果需要求得 $\lambda$ 和 $t$ 之间的变化关系，则必须测定不同 $t_m$ 下的 $\lambda_m$ 值，由

$$\lambda_{m1} = \lambda_0 (1 + bt_{m1})$$

$$\lambda_{m2} = \lambda_0 (1 + bt_{m2})$$

可求得 $\lambda_0$、$b$ 值，得出 $\lambda$ 和 $t$ 之间的关系式 $\lambda = \lambda_0$ ($1 + bt$)。

**四、实验设备**

如图 3 所示，实验设备组成包括：球体导热仪本体、实验台手动测试系统、计算机测量系统、数字仪表测量系统。球体导热仪本体是两个球壳同心套装在一起，内球壳外径为 $d_1$，外球壳内径为 $d_2$，在两球壳之间填充实验粒状材料，热量由装入内球壳中的球形电加热器加热得到。热量穿过内球壁和被测材料到外球壳，外球壳通过自然空气对流方式进行冷却。内外球壳分别埋设两对热电偶，由于对流状况不一样，故需测量多次，并取其平均值作为球壳温度。安装实验设备时要注意不能让实验室的日光灯直接照射到球体上，实验人员也要禁止走动，以防对测量结构产生影响。球体法便于测定各种散状物料（如沙子、矿渣、石灰等）的导热系数。

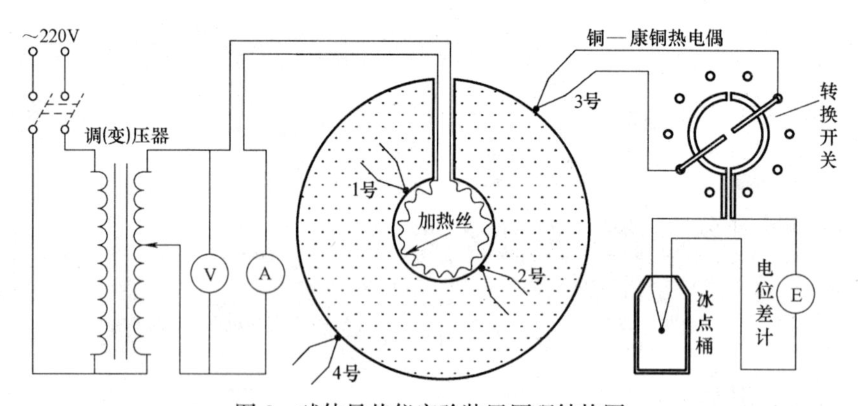


图 3　球体导热仪实验装置原理结构图

手动测试系统通过实验台操作完成手动测量数据，其中，功率测量由电压表和电流表检测得到，温度测量由电位差计检测得到。计算机测量系统通过计算机运行监测主画面，实时显示实验测量数据，并计算得到导热系数的测量值等。数字仪表测量系统通过数字仪表机柜，直接测量得到球壁温度值和热流功率值。

## 五、实验步骤及实验数据整理

1. 实验步骤

（1）确认所在实验台上电压表、电流表工作量程及指针读数单位换算。

（2）掌握电位差计测量热电偶信号的操作要领。

（3）对球体进行加热，待加热稳定后，记录 4 个温度测量点的温度数据，读表得到电压、电流数据，以后每隔 5～8min 测一次，实验中再取 2 次内外壳的温度，再分别取平均值，将实验数据记录在表 1 中。

（4）改变电功率，重复以上步骤，重复 1 次。

（5）测得电势值后查铜—康铜 mV-t 曲线/表得出 $t_0$。

2. 实验数据整理

完成表 1 的实验数据记录、计算及整理工作。

## 六、思考题

1. 简述用球体法测量材料导热系数的优缺点。

2. 如果安装内外球壳时略有偏心，导热系数的测定是否会受到影响？为什么？

3. 试说明悬挂在空中的实验球体，外球壳表面的换热方式？如果球壳表面有空气流动或有阳光照射，对导热系数的测量有没有影响？为什么？

**实验测量数据记录表** **表 1**

<table>
<tr><td colspan="3">记录人：</td><td colspan="5">同组人：</td><td colspan="4">时间：</td></tr>
<tr><td colspan="2">实验参数</td><td colspan="10">实验数据</td></tr>
<tr><td>实验台</td><td></td><td rowspan="6">球壳温度</td><td></td><td colspan="4">内球壳温度(℃)</td><td colspan="4">外球壳温度(℃)</td></tr>
<tr><td rowspan="4">试材名称</td><td rowspan="4"></td><td>测点<br>次数</td><td>1</td><td>2</td><td>3</td><td>4</td><td>1</td><td>2</td><td>3</td><td>4</td></tr>
<tr><td>1</td><td></td><td></td><td></td><td></td><td></td><td></td><td></td><td></td></tr>
<tr><td>2</td><td></td><td></td><td></td><td></td><td></td><td></td><td></td><td></td></tr>
<tr><td>3</td><td></td><td></td><td></td><td></td><td></td><td></td><td></td><td></td></tr>
<tr><td rowspan="2">密度(kg/m³)</td><td rowspan="2"></td><td rowspan="2"></td><td colspan="4">内壁平均温度 $t_1$=</td><td colspan="4">外壁平均温度 $t_2$=</td></tr>
<tr><td colspan="8"></td></tr>
<tr><td>外球直径(mm)</td><td></td><td colspan="2" rowspan="2">加热功率</td><td colspan="2">电压 $U$(V)</td><td colspan="2">电流 $I$(A)</td><td colspan="4">功率 $\phi=q=UI$(W)</td></tr>
<tr><td>内球直径(mm)</td><td></td><td colspan="2"></td><td colspan="2"></td><td colspan="4"></td></tr>
<tr><td>环境温度(℃)</td><td></td><td colspan="2">导热系数</td><td colspan="8">[W/(m·℃)]</td></tr>
</table>

# 实验八　$CO_2$ 的临界状态观测及 $p$-$v$-$t$ 实验

**一、实验目的**

1. 了解 $CO_2$ 临界状态观测的方法，增加对临界状态概念的感性认识。

2. 加深工质的热力状态、凝结、汽化、饱和状态等基本概念的理解。

3. 掌握的 $p$-$v$-$t$ 关系的测定方法，学会用实验测定实际气体状态变化规律的方法和技巧。

4. 学会活塞式压力计、恒温器等部分热工仪器的使用方法。

**二、实验内容**

1. 测定 $CO_2$ 的 $p$-$v$-$t$ 关系，在 $p$-$v$ 坐标图上绘出低于临界温度（$t$=20℃）、等于临界温度（$t$=31.1℃）和高于临界温度（$t$=50℃）的三条等温曲线，并与标准实验曲线及理论计算值相比较，分析差异原因。

2. 测定 $CO_2$ 低于临界温度（$t$=20℃、25℃）时的饱和温度与饱和压力之间的对应关系，并与图中绘出的 $t_S-p_S$ 曲线比较。

3. 观测临界状态：

(1) 临界乳光；

(2) 临界状态附近气液两相模糊的现象；

(3) 气液整体相变现象；

(4) 测定 $CO_2$ 的 $t_c$、$p_c$、$v_c$ 等临界参数，并将实验所测得的 $v_c$ 值与理想气体状态方程和范德瓦尔方程的理论值相比较，简述其差异原因。

**三、实验装置及原理**

1. 整个实验装置由压力台、恒温器和实验台本体三大部分组成，如图 1 所示。

2. 对于简单可压缩热力系统，当工质处于平衡状态时，其状态参数 $p$、$v$、$t$ 之间的关系为：

$$F(p,v,t)=0$$

或

$$t=f(p,v)$$

该实验就是根据上式，采用定温方法来测定 $CO_2$ $p$-$v$ 之间的关系，从而找出 $CO_2$ 的 $p$-$v$-$t$ 关系。

3. 实验中由压力台送来的压力油进入高压容积和玻璃杯上半部，迫使水银进入预先装了 $CO_2$ 的承压玻璃管。$CO_2$ 被压缩，其压力和容积通过压力台上的活塞杆进、退来调节，温度由恒温器供给的水套里的水温来调节。

4. 实验工质 $CO_2$ 的压力由装在压力台上的压力表读出（如要提高精度可由加在活塞转盘上的平衡砝码读出，并考虑水银柱高度的修正）。温度由插在恒温水套中的温度计读出。比体积首先由承压玻璃管内 $CO_2$ 柱的高度来度量，而后再根据承压玻璃管内径均匀、截面面积不变等条件换算得出。

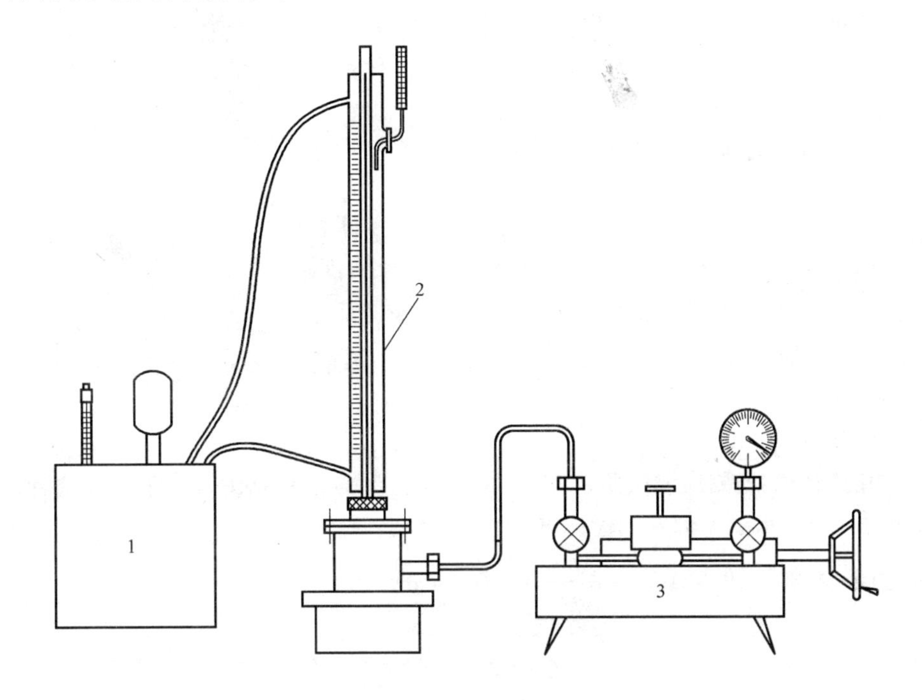


图 1　实验装置示意图

1—恒温器；2—实验台本体；3—压力台

**四、实验步骤**

1. 按图 1 装好实验装置，并开启实验台本体上的日光灯。

2. 使用恒温器调定温度：

（1）将蒸馏水注入恒温器内，注至距盖 3～5cm 为止。检查并接通电路，开启电动给水泵，使水循环对流。

（2）旋转电接点温度计顶端的帽形磁铁，调动凸轮示标，使凸轮上端面与所要调动温度一致，然后将帽形磁铁用横向螺钉锁紧，以防转动。

（3）视水温情况，开关加热器。当水温未达到要调定的温度时，恒温器指示灯是亮的，当指示灯时亮时灭时，则说明温度已达到所需恒温。

（4）观察玻璃水套上的两支温度计，若它们的读数相同且与恒温器上的温度计及电接点温度计标定的温度一致（或基本一致），则可（近似）认为承压玻璃管内的 $CO_2$ 温度处于所标定的温度。

（5）当需要改变实验温度时，重复步骤（2）至（4）即可。

3. 加压前的准备。因为压力台的油缸容量比主容器容量小，需要多次从油杯里抽油，再向主容器充油，才能在压力表上显示压力读数。压力台抽油、充油的操作过程非常重要。若操作失误，不但加不上压力，而且会损坏实验设备，所以必须认真掌握，其步骤如下：

（1）关闭压力表及进入实验台本体油路的各阀门，开启压力台上油杯的进油阀。

（2）摇退压力台上的活塞螺杆，直至螺杆全部退出，这时压力台油缸中抽满了油。

(3) 先关闭油杯阀门，然后开启压力表和进入本体油路的两个阀门。

(4) 摇进活塞螺杆，向本体充油，如此交复，直至压力表上有压力读数为止。

(5) 再次检查油杯阀门是否关好，压力表及本体油路阀门是否开启，若均已稳定即可进行实验。

4. 做好实验的原始记录及注意事项。

(1) 设备原始记录。仪器、仪表的名称、型号、规格、量程、精度。

(2) 常规数据记录。室温、大气压力、实验环境情况等。

(3) 测定承压玻璃管内 $CO_2$ 质面比常数值。由于充进承压玻璃管内的 $CO_2$ 的质量不便测量，而玻璃管内径或截面面积（$A$）又不易测准，因而实验中采用间接方法来确定 $CO_2$ 的比体积，认为 $CO_2$ 的比体积 $v$ 与其高度是一种线性关系，具体如下：

1) 已知 $CO_2$ 的液体在 20℃、9.8MPa 时的比体积，$v$（20℃、9.8MPa）$=0.00117\text{m}^3/\text{kg}$。

2) 如前操作实地测出该实验台 $CO_2$ 的液体在 20℃、9.8MPa 时的 $CO_2$ 液柱高度 $\Delta h$（m）（注意：玻璃水套上刻度的标记方法）。

3) 由于 $V(20℃、9.8\text{MPa})=\dfrac{\Delta hA}{m}=0.00117\text{m}^3/\text{kg}$，则

$$\frac{m}{A}=\frac{\Delta h}{0.00117}=K(\text{kg/m}^2)$$

那么在任意温度、压力下 $CO_2$ 的比体积为：

$$v=\frac{\Delta h}{m/A}=\frac{\Delta h}{K}(\text{m}^3/\text{kg})$$

$$\Delta h=h-h_0$$

式中　$h$——任意温度、压力下水银柱的高度；

$h_0$——承压玻璃管内径顶端高度。

(4) 注意事项

1) 做各条定温线时，实验压力 $p\leqslant 9.8\text{MPa}$，实验温度 $T\leqslant 50℃$。

2) 一般读取水银柱高度 $h$ 时，压力间隔可取 0.5MPa，但在接近饱和状态和临界状态时，压力间隔应取 0.05MPa。

3) 实验中读取 $h$ 时，要注意应使视线与水银柱半圆形液面的中间对齐。

a) 使用恒温器调定 $t=20℃$时的定温线。

b) 压力记录从 4.5MPa 开始，当玻璃管内水银升起来后，只能缓慢地摇进活塞螺杆，以保证定温条件，否则来不及平衡，读数不准。

c) 按照适当的压力间隔取 $h$ 值至 $p=9.8\text{MPa}$。

d) 注意加压后 $CO_2$ 的变化，特别是注意饱和压力与饱和温度的对应关系，液化、汽化等现象。应将测得的实验数据及观察到的现象一并填入表 1 中。

e) 测定 $t=31.1℃$、$t=50℃$时饱和温度与饱和压力的对应关系（方法同上）。

5. 测定临界等温线和临界参数，观察临界现象。

(1) 测出临界等温线，并在该曲线的拐点处找出临界压力 $p_c$ 和临界比体积 $v_c$，并将数据填入表 1 中。

(2) 观察临界现象。

**$CO_2$ 等温实验原始数据记录表** **表 1**

| $t$=20℃ | | | | $t$=31.1℃（临界） | | | | $t$=50℃ | | | |
|---|---|---|---|---|---|---|---|---|---|---|---|
| $P$(MPa) | $\Delta h$ | $v=\Delta h/K$ | 现象 | $P$(MPa) | $\Delta h$ | $v=\Delta h/K$ | 现象 | $P$(MPa) | $\Delta h$ | $v=\Delta h/K$ | 现象 |
| 4.5 | | | | | | | | | | | |
| 5.0 | | | | | | | | | | | |
| | | | | | | | | | | | |
| 9.8 | | | | | | | | | | | |
| 记录做出三条等温线所需的时间 | | | | | | | | | | | |
| min | | | | min | | | | min | | | |

1）保持临界温度不变，摇进活塞螺杆使压力升至 7.6MPa 附近处，然后突然摇退活塞螺杆（注意：勿使本体晃动）降压，在此瞬间，玻璃管内将出现圆锥状的乳白闪光现象，这就是临界乳光现象，这是由于 $CO_2$ 分子受重力场作用沿高度分布不均和光散射造成的。可以反复进行几次，观察这一现象。

2）气、液两相模糊不清现象。处于临界点的 $CO_2$ 具有共同参数（$p$，$v$，$t$），因而是不能区别此时 $CO_2$ 是气态还是液态的。如果说它是气体，那么这个气体是接近于液态的气体；如果说它是液体，那么这个液体又是接近于气态的液体。下面用实验证明这个结论。

首先在压力等于 7.6MPa 附近，突然降压，$CO_2$ 状态点由等温线上临界点沿绝热线下降，此时管内 $CO_2$ 出现了明显的液面。这就说明，如果管内 $CO_2$ 是气体，那么这种气体离液体区很接近，可以说是接近液态的气体；当 $CO_2$ 在膨胀之后，突然被压缩时，这个液面又立即消失了，这就说明此时 $CO_2$ 液体离气体区也是非常近的，可以说是接近气态的液体。因此，此时的 $CO_2$ 处于临界点附近。

6. 测定高于临界温度 $t$=50℃时的等温线，并将数据填入表 1 中。

## 五、实验数据处理

1. 将表 1 中的数据仿照图 2 在 $p-v$ 图上画出三条等温线。

2. 将实验测得的等温线与图 2 所示的标准等温线比较，并分析它们之间的差异及原因。

3. 将实验测得的饱和温度与饱和压力绘制出 $t$-$p$ 曲线。

4. 将实验测得的临界比体积 $v_c$ 与理论计算值一并填入表 2 中，分析它们之间的差异及原因。

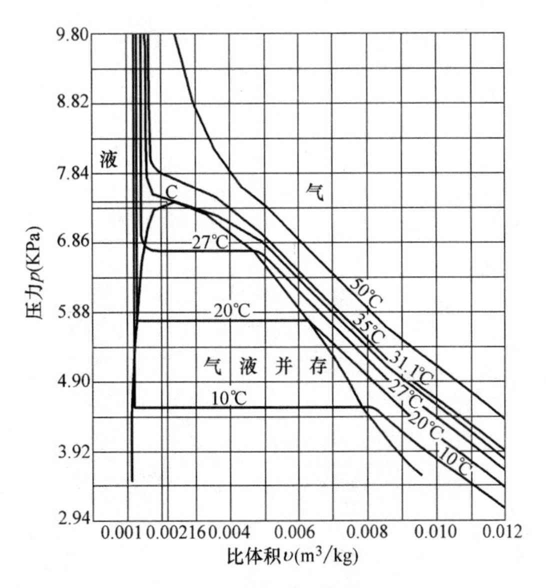


图 2 标准曲线

实验数据计算表　　表 2

| 标准值 | 实验值 | $v_c=\frac{RT_c}{p_c}$ | $v_c=\frac{3RT_c}{8p_c}$ |
| --- | --- | --- | --- |
| 0.00216 | | | |

## 六、思考题

1. 简述实验原理及过程。

2. 分析比较等温曲线的实验值与标准值之间的差异及原因。分析比较临界比体积的实验值与标准值和理论计算值之间的差异及原因。

# 附　　录

## 附录一　铂铑10—铂热电偶（S型）分度表（ITS-90）

| 温度(℃) | 0 | 10 | 20 | 30 | 40 | 50 | 60 | 70 | 80 | 90 |
|---|---|---|---|---|---|---|---|---|---|---|
| | 热电动势(mV) | | | | | | | | | |
| 0 | 0 | 0.055 | 0.113 | 0.173 | 0.235 | 0.299 | 0.365 | 0.432 | 0.502 | 0.573 |
| 100 | 0.645 | 0.719 | 0.795 | 0.872 | 0.95 | 1.029 | 1.109 | 1.19 | 1.273 | 1.356 |
| 200 | 1.44 | 1.525 | 1.611 | 1.698 | 1.785 | 1.873 | 1.962 | 2.051 | 2.141 | 2.232 |
| 300 | 2.323 | 2.414 | 2.506 | 2.599 | 2.692 | 2.786 | 2.88 | 2.974 | 3.069 | 3.164 |
| 400 | 3.26 | 3.356 | 3.452 | 3.549 | 3.645 | 3.743 | 3.84 | 3.938 | 4.036 | 4.135 |
| 500 | 4.234 | 4.333 | 4.432 | 4.532 | 4.632 | 4.732 | 4.832 | 4.933 | 5.034 | 5.136 |
| 600 | 5.237 | 5.339 | 5.442 | 5.544 | 5.648 | 5.751 | 5.855 | 5.96 | 6.065 | 6.169 |
| 700 | 6.274 | 6.38 | 6.486 | 6.592 | 6.699 | 6.805 | 6.913 | 7.02 | 7.128 | 7.236 |
| 800 | 7.345 | 7.454 | 7.563 | 7.672 | 7.782 | 7.892 | 8.003 | 8.114 | 8.255 | 8.336 |
| 900 | 8.448 | 8.56 | 8.673 | 8.786 | 8.899 | 9.012 | 9.126 | 9.24 | 9.355 | 9.47 |
| 1000 | 9.585 | 9.7 | 9.816 | 9.932 | 10.048 | 10.165 | 10.282 | 10.4 | 10.517 | 10.635 |
| 1100 | 10.754 | 10.872 | 10.991 | 11.11 | 11.229 | 11.348 | 11.467 | 11.587 | 11.707 | 11.827 |
| 1200 | 11.947 | 12.067 | 12.188 | 12.308 | 12.429 | 12.55 | 12.671 | 12.792 | 12.912 | 13.034 |
| 1300 | 13.155 | 13.397 | 13.397 | 13.519 | 13.64 | 13.761 | 13.883 | 14.004 | 14.125 | 14.247 |
| 1400 | 14.368 | 14.61 | 14.61 | 14.731 | 14.852 | 14.973 | 15.094 | 15.215 | 15.336 | 15.456 |
| 1500 | 15.576 | 15.697 | 15.817 | 15.937 | 16.057 | 16.176 | 16.296 | 16.415 | 16.534 | 16.653 |
| 1600 | 16.771 | 16.89 | 17.008 | 17.125 | 17.243 | 17.36 | 17.477 | 17.594 | 17.711 | 17.826 |
| 1700 | 17.942 | 18.056 | 18.17 | 18.282 | 18.394 | 18.504 | 18.612 | — | — | — |

注：参考端温度为0℃。

## 附录二　镍铬—镍硅热电偶（K型）分度表

| 温度(℃) | 0 | 10 | 20 | 30 | 40 | 50 | 60 | 70 | 80 | 90 |
|---|---|---|---|---|---|---|---|---|---|---|
| | 热电动势(mV) | | | | | | | | | |
| 0 | 0 | 0.397 | 0.798 | 1.203 | 1.611 | 2.022 | 2.436 | 2.85 | 3.266 | 3.681 |

续表

| 温度(℃) | 0 | 10 | 20 | 30 | 40 | 50 | 60 | 70 | 80 | 90 |
|---|---|---|---|---|---|---|---|---|---|---|
| | 热电动势(mV) | | | | | | | | | |
| 100 | 4.095 | 4.508 | 4.919 | 5.327 | 5.733 | 6.137 | 6.539 | 6.939 | 7.338 | 7.737 |
| 200 | 8.137 | 8.537 | 8.938 | 9.341 | 9.745 | 10.151 | 10.56 | 10.969 | 11.381 | 11.793 |
| 300 | 12.207 | 12.623 | 13.039 | 13.456 | 13.874 | 14.292 | 14.712 | 15.132 | 15.552 | 15.974 |
| 400 | 16.395 | 16.818 | 17.241 | 17.664 | 18.088 | 18.513 | 18.938 | 19.363 | 19.788 | 20.214 |
| 500 | 20.64 | 21.066 | 21.493 | 21.919 | 22.346 | 22.772 | 23.198 | 23.624 | 24.05 | 24.476 |
| 600 | 24.902 | 25.327 | 25.751 | 26.176 | 26.599 | 27.022 | 27.445 | 27.867 | 28.288 | 28.709 |
| 700 | 29.128 | 29.547 | 29.965 | 30.383 | 30.799 | 31.214 | 31.214 | 32.042 | 32.455 | 32.866 |
| 800 | 33.277 | 33.686 | 34.095 | 34.502 | 34.909 | 35.314 | 35.718 | 36.121 | 36.524 | 36.925 |
| 900 | 37.325 | 37.724 | 38.122 | 38.915 | 38.915 | 39.31 | 39.703 | 40.096 | 40.488 | 40.879 |
| 1000 | 41.269 | 41.657 | 42.045 | 42.432 | 42.817 | 43.202 | 43.585 | 43.968 | 44.349 | 44.729 |
| 1100 | 45.108 | 45.486 | 45.863 | 46.238 | 46.612 | 46.985 | 47.356 | 47.726 | 48.095 | 48.462 |
| 1200 | 48.828 | 49.192 | 49.555 | 49.916 | 50.276 | 50.633 | 50.99 | 51.344 | 51.697 | 52.049 |
| 1300 | 52.398 | 52.747 | 53.093 | 53.439 | 53.782 | 54.125 | 54.466 | 54.807 | — | — |

注：参考端温度为 0℃。

# 附录三　铂铑 30—铂铑 6 热电偶（B 型）分度表

| 温度(℃) | 0 | 10 | 20 | 30 | 40 | 50 | 60 | 70 | 80 | 90 |
|---|---|---|---|---|---|---|---|---|---|---|
| | 热电动势(mV) | | | | | | | | | |
| 0 | 0 | −0.002 | −0.003 | 0.002 | 0 | 0.002 | 0.006 | 0.11 | 0.017 | 0.025 |
| 100 | 0.033 | 0.043 | 0.053 | 0.065 | 0.078 | 0.092 | 0.107 | 0.123 | 0.14 | 0.159 |
| 200 | 0.178 | 0.199 | 0.22 | 0.243 | 0.266 | 0.291 | 0.317 | 0.344 | 0.372 | 0.401 |
| 300 | 0.431 | 0.462 | 0.494 | 0.527 | 0.516 | 0.596 | 0.632 | 0.669 | 0.707 | 0.746 |
| 400 | 0.786 | 0.827 | 0.87 | 0.913 | 0.957 | 1.002 | 1.048 | 1.095 | 1.143 | 1.192 |
| 500 | 1.241 | 1.292 | 1.344 | 1.397 | 1.45 | 1.505 | 1.56 | 1.617 | 1.674 | 1.732 |
| 600 | 1.791 | 1.851 | 1.912 | 1.974 | 2.036 | 2.1 | 2.164 | 2.23 | 2.296 | 2.363 |
| 700 | 2.43 | 2.499 | 2.569 | 2.639 | 2.71 | 2.782 | 2.855 | 2.928 | 3.003 | 3.078 |
| 800 | 3.154 | 3.231 | 3.308 | 3.387 | 3.466 | 3.546 | 2.626 | 3.708 | 3.79 | 3.873 |
| 900 | 3.957 | 4.041 | 4.126 | 4.212 | 4.298 | 4.386 | 4.474 | 4.562 | 4.652 | 4.742 |
| 1000 | 4.833 | 4.924 | 5.016 | 5.109 | 5.202 | 5.2997 | 5.391 | 5.487 | 5.583 | 5.68 |
| 1100 | 5.777 | 5.875 | 5.973 | 6.073 | 6.172 | 6.273 | 6.374 | 6.475 | 6.577 | 6.68 |
| 1200 | 6.783 | 6.887 | 6.991 | 7.096 | 7.202 | 7.038 | 7.414 | 7.521 | 7.628 | 7.736 |
| 1300 | 7.845 | 7.953 | 8.063 | 8.172 | 8.283 | 8.393 | 8.504 | 8.616 | 8.727 | 8.839 |
| 1400 | 8.952 | 9.065 | 9.178 | 9.291 | 9.405 | 9.519 | 9.634 | 9.748 | 9.863 | 9.979 |

续表

| 温度(℃) | 0 | 10 | 20 | 30 | 40 | 50 | 60 | 70 | 80 | 90 |
|---|---|---|---|---|---|---|---|---|---|---|
| | 热电动势(mV) | | | | | | | | | |
| 1500 | 10.094 | 10.21 | 10.325 | 10.441 | 10.588 | 10.674 | 10.79 | 10.907 | 11.024 | 11.141 |
| 1600 | 11.257 | 11.374 | 11.491 | 11.608 | 11.725 | 11.842 | 11.959 | 12.076 | 12.193 | 12.31 |
| 1700 | 12.426 | 12.543 | 12.659 | 12.776 | 12.892 | 13.008 | 13.124 | 13.239 | 13.354 | 13.47 |
| 1800 | 13.585 | 13.699 | 13.814 | — | — | — | — | — | — | — |

注：参考端温度为0℃。

# 附录四　镍铬—铜镍（康铜）热电偶（E型）分度表

| 温度(℃) | 0 | 10 | 20 | 30 | 40 | 50 | 60 | 70 | 80 | 90 |
|---|---|---|---|---|---|---|---|---|---|---|
| | 热电动势(mV) | | | | | | | | | |
| 0 | 0 | 0.591 | 1.192 | 1.801 | 2.419 | 3.047 | 3.683 | 4.329 | 4.983 | 5.646 |
| 100 | 6.317 | 6.996 | 7.683 | 8.377 | 9.078 | 9.787 | 10.501 | 11.222 | 11.949 | 12.681 |
| 200 | 13.419 | 14.161 | 14.909 | 15.661 | 16.417 | 17.178 | 17.942 | 18.71 | 19.481 | 20.256 |
| 300 | 21.033 | 21.814 | 22.597 | 23.383 | 24.171 | 24.961 | 25.754 | 26.549 | 27.345 | 28.143 |
| 400 | 28.943 | 29.744 | 30.546 | 31.35 | 32.155 | 32.96 | 33.767 | 34.574 | 35.382 | 36.19 |
| 500 | 36.999 | 37.808 | 38.617 | 39.426 | 40.236 | 41.045 | 41.853 | 42.662 | 43.47 | 44.278 |
| 600 | 45.085 | 45.891 | 46.697 | 47.502 | 48.306 | 49.109 | 49.911 | 50.713 | 51.513 | 52.312 |
| 700 | 53.11 | 53.907 | 54.703 | 55.498 | 56.291 | 57.083 | 57.873 | 58.663 | 59.451 | 60.237 |
| 800 | 61.022 | 61.806 | 62.588 | 63.368 | 64.147 | 64.924 | 65.7 | 66.473 | 67.245 | 68.015 |
| 900 | 68.783 | 69.549 | 70.313 | 71.075 | 71.835 | 72.593 | 73.35 | 74.104 | 74.857 | 75.608 |
| 1000 | 76.358 | — | — | — | — | — | — | — | — | — |

注：参考端温度为0℃。

# 附录五　铜—铜镍（康铜）热电偶（T型）分度表

| 温度(℃) | 0 | 10 | 20 | 30 | 40 | 50 | 60 | 70 | 80 | 90 |
|---|---|---|---|---|---|---|---|---|---|---|
| | 热电动势(mV) | | | | | | | | | |
| −200 | −5.603 | — | — | — | — | — | — | — | — | — |
| −100 | −3.378 | −3.378 | −3.923 | −4.177 | −4.419 | −4.648 | −4.865 | −5.069 | −5.261 | −5.439 |
| 0 | 0 | 0.383 | −0.757 | −1.121 | −1.475 | −1.819 | −2.152 | −2.475 | −2.788 | −3.089 |
| 0 | 0 | 0.391 | 0.789 | 1.196 | 1.611 | 2.035 | 2.467 | 2.98 | 3.357 | 3.813 |
| 100 | 4.277 | 4.749 | 5.227 | 5.712 | 6.204 | 6.702 | 7.207 | 7.718 | 8.235 | 8.757 |
| 200 | 9.268 | 9.82 | 10.36 | 10.905 | 11.456 | 12.011 | 12.572 | 13.137 | 13.707 | 14.281 |
| 300 | 14.86 | 15.443 | 16.03 | 16.621 | 17.217 | 17.816 | 18.42 | 19.027 | 19.638 | 20.252 |
| 400 | 20.869 | — | — | — | — | — | — | — | — | — |

注：参考端温度为0℃。

# 附录六　铂 100 热电阻（Pt100）分度表

| $R(0℃)=100.00\Omega$ | | | | | | | | | | |
|---|---|---|---|---|---|---|---|---|---|---|
| | 0 | −1 | −2 | −3 | −4 | −5 | −6 | −7 | −8 | −9 |
| −200 | 18.52 | | | | | | | | | |
| −190 | 22.83 | 22.40 | 21.97 | 21.54 | 21.11 | 20.68 | 20.25 | 19.82 | 19.38 | 18.95 |
| −180 | 27.10 | 26.67 | 26.24 | 25.82 | 25.39 | 24.97 | 24.54 | 24.11 | 23.68 | 23.25 |
| −170 | 31.34 | 30.91 | 30.49 | 30.07 | 29.64 | 29.22 | 28.80 | 28.37 | 27.95 | 27.52 |
| −160 | 35.54 | 35.12 | 34.70 | 34.28 | 33.86 | 33.44 | 33.02 | 32.60 | 32.18 | 31.76 |
| −150 | 39.72 | 39.31 | 38.89 | 38.47 | 38.05 | 37.64 | 37.22 | 36.80 | 36.38 | 35.96 |
| −140 | 43.88 | 43.46 | 43.05 | 42.63 | 42.22 | 41.80 | 41.39 | 40.97 | 40.56 | 40.14 |
| −130 | 48.00 | 47.59 | 47.18 | 46.77 | 46.36 | 45.94 | 45.53 | 45.12 | 44.70 | 44.29 |
| −120 | 52.11 | 51.70 | 51.29 | 50.88 | 50.47 | 50.06 | 49.65 | 49.24 | 48.83 | 48.42 |
| −110 | 56.19 | 55.79 | 55.38 | 54.97 | 54.56 | 54.15 | 53.75 | 53.34 | 52.93 | 52.52 |
| −100 | 60.26 | 59.85 | 59.44 | 59.04 | 58.63 | 58.23 | 57.82 | 57.41 | 57.01 | 56.60 |
| −90 | 64.30 | 63.90 | 63.49 | 63.09 | 62.68 | 62.28 | 61.88 | 61.47 | 61.07 | 60.66 |
| −80 | 68.33 | 67.92 | 67.52 | 67.12 | 66.72 | 66.31 | 65.91 | 65.51 | 65.11 | 64.70 |
| −70 | 72.33 | 71.93 | 71.53 | 71.13 | 70.73 | 70.33 | 69.93 | 69.53 | 69.13 | 68.73 |
| −60 | 76.33 | 75.93 | 75.53 | 75.13 | 74.73 | 74.33 | 73.93 | 73.53 | 73.13 | 72.73 |
| −50 | 80.31 | 79.91 | 79.51 | 79.11 | 78.72 | 78.32 | 77.92 | 77.52 | 77.12 | 76.73 |
| −40 | 84.27 | 83.87 | 83.48 | 83.08 | 82.69 | 82.29 | 81.89 | 81.50 | 81.10 | 80.70 |
| −30 | 88.22 | 87.83 | 87.43 | 87.04 | 86.64 | 86.25 | 85.85 | 85.46 | 85.06 | 84.67 |
| −20 | 92.16 | 91.77 | 91.37 | 90.98 | 90.59 | 90.19 | 89.80 | 89.40 | 89.01 | 88.62 |
| −10 | 96.09 | 95.69 | 95.30 | 94.91 | 94.52 | 94.12 | 93.73 | 93.34 | 92.95 | 92.55 |
| 0 | 100.00 | 99.61 | 99.22 | 98.83 | 98.44 | 98.04 | 97.65 | 97.26 | 96.87 | 96.48 |

| $R(0℃)=100.00\Omega$ | | | | | | | | | | |
|---|---|---|---|---|---|---|---|---|---|---|
| | 0 | 1 | 2 | 3 | 4 | 5 | 6 | 7 | 8 | 9 |
| 0 | 100.00 | 100.39 | 100.78 | 101.17 | 101.56 | 101.95 | 102.34 | 102.73 | 103.12 | 103.51 |
| 10 | 103.90 | 104.29 | 104.68 | 105.07 | 105.46 | 105.85 | 106.24 | 106.63 | 107.02 | 107.40 |
| 20 | 107.79 | 108.18 | 108.57 | 108.96 | 109.35 | 109.73 | 110.12 | 110.51 | 110.90 | 111.29 |
| 30 | 111.67 | 112.06 | 112.45 | 112.83 | 113.22 | 113.61 | 114.00 | 114.38 | 114.77 | 115.15 |
| 40 | 115.54 | 115.93 | 116.31 | 116.70 | 117.08 | 117.47 | 117.86 | 118.24 | 118.63 | 119.01 |
| 50 | 119.40 | 119.78 | 120.17 | 120.55 | 120.94 | 121.32 | 121.71 | 122.09 | 122.47 | 122.86 |
| 60 | 123.24 | 123.63 | 124.01 | 124.39 | 124.78 | 125.16 | 125.54 | 125.93 | 126.31 | 126.69 |
| 70 | 127.08 | 127.46 | 127.84 | 128.22 | 128.61 | 128.99 | 129.37 | 129.75 | 130.13 | 130.52 |
| 80 | 130.90 | 131.28 | 131.66 | 132.04 | 132.42 | 132.80 | 133.18 | 133.57 | 133.95 | 134.33 |

续表

| $R(0℃)=100.00\Omega$ | | | | | | | | | | |
|---|---|---|---|---|---|---|---|---|---|---|
| | 0 | 1 | 2 | 3 | 4 | 5 | 6 | 7 | 8 | 9 |
| 90 | 134.71 | 135.09 | 135.47 | 135.85 | 136.23 | 136.61 | 136.99 | 137.37 | 137.75 | 138.13 |
| 100 | 138.51 | 138.88 | 139.26 | 139.64 | 140.02 | 140.40 | 140.78 | 141.16 | 141.54 | 141.91 |
| 110 | 142.29 | 142.67 | 143.05 | 143.43 | 143.80 | 144.18 | 144.56 | 144.94 | 145.31 | 145.69 |
| 120 | 146.07 | 146.44 | 146.82 | 147.20 | 147.57 | 147.95 | 148.33 | 148.70 | 149.08 | 149.46 |
| 130 | 149.83 | 150.21 | 150.58 | 150.96 | 151.33 | 151.71 | 152.08 | 152.46 | 152.83 | 153.21 |
| 140 | 153.58 | 153.96 | 154.33 | 154.71 | 155.08 | 155.46 | 155.83 | 156.20 | 156.58 | 156.95 |
| 150 | 157.33 | 157.70 | 158.07 | 158.45 | 158.82 | 159.19 | 159.56 | 159.94 | 160.31 | 160.68 |
| 160 | 161.05 | 161.43 | 161.80 | 162.17 | 162.54 | 162.91 | 163.29 | 163.66 | 164.03 | 164.40 |
| 170 | 164.77 | 165.14 | 165.51 | 165.89 | 166.26 | 166.63 | 167.00 | 167.37 | 167.74 | 168.11 |
| 180 | 168.48 | 168.85 | 169.22 | 169.59 | 169.96 | 170.33 | 170.70 | 171.07 | 171.43 | 171.80 |
| 190 | 172.17 | 172.54 | 172.91 | 173.28 | 173.65 | 174.02 | 174.38 | 174.75 | 175.12 | 175.49 |
| 200 | 175.86 | 176.22 | 176.59 | 176.96 | 177.33 | 177.69 | 178.06 | 178.43 | 178.79 | 179.16 |
| 210 | 179.53 | 179.89 | 180.26 | 180.63 | 180.99 | 181.36 | 181.72 | 182.09 | 182.46 | 182.82 |
| 220 | 183.19 | 183.55 | 183.92 | 184.28 | 184.65 | 185.01 | 185.38 | 185.74 | 186.11 | 186.47 |
| 230 | 186.84 | 187.20 | 187.56 | 187.93 | 188.29 | 188.66 | 189.02 | 189.38 | 189.75 | 190.11 |
| 240 | 190.47 | 190.84 | 191.20 | 191.56 | 191.92 | 192.29 | 192.65 | 193.01 | 193.37 | 193.74 |
| 250 | 194.10 | 194.46 | 194.82 | 195.18 | 195.55 | 195.91 | 196.27 | 196.63 | 196.99 | 197.35 |
| 260 | 197.71 | 198.07 | 198.43 | 198.79 | 199.15 | 199.51 | 199.87 | 200.23 | 200.59 | 200.95 |
| 270 | 201.31 | 201.67 | 202.03 | 202.39 | 202.75 | 203.11 | 203.47 | 203.83 | 204.19 | 204.55 |
| 280 | 204.90 | 205.26 | 205.62 | 205.98 | 206.34 | 206.70 | 207.05 | 207.41 | 207.77 | 208.13 |
| 290 | 208.48 | 208.84 | 209.20 | 209.56 | 209.91 | 210.27 | 210.63 | 210.98 | 211.34 | 211.70 |
| 300 | 212.05 | 212.41 | 212.76 | 213.12 | 213.48 | 213.83 | 214.19 | 214.54 | 214.90 | 215.25 |
| 310 | 215.61 | 215.96 | 216.32 | 216.67 | 217.03 | 217.38 | 217.74 | 218.09 | 218.44 | 218.80 |
| 320 | 219.15 | 219.51 | 219.86 | 220.21 | 220.57 | 220.92 | 221.27 | 221.63 | 221.98 | 222.33 |
| 330 | 222.68 | 223.04 | 223.39 | 223.74 | 224.09 | 224.45 | 224.80 | 225.15 | 225.50 | 225.85 |
| 340 | 226.21 | 226.56 | 226.91 | 227.26 | 227.61 | 227.96 | 228.31 | 228.66 | 229.02 | 229.37 |
| 350 | 229.72 | 230.07 | 230.42 | 230.77 | 231.12 | 231.47 | 231.82 | 232.17 | 232.52 | 232.87 |
| 360 | 233.21 | 233.56 | 233.91 | 234.26 | 234.61 | 234.96 | 235.31 | 235.66 | 236.00 | 236.35 |
| 370 | 236.70 | 237.05 | 237.40 | 237.74 | 238.09 | 238.44 | 238.79 | 239.13 | 239.48 | 239.83 |
| 380 | 240.18 | 240.52 | 240.87 | 241.22 | 241.56 | 241.91 | 242.26 | 242.60 | 242.95 | 243.29 |
| 390 | 243.64 | 243.99 | 244.33 | 244.68 | 245.02 | 245.37 | 245.71 | 246.06 | 246.40 | 246.75 |
| 400 | 247.09 | 247.44 | 247.78 | 248.13 | 248.47 | 248.81 | 249.16 | 249.50 | 249.85 | 250.19 |
| 410 | 250.53 | 250.88 | 251.22 | 251.56 | 251.91 | 252.25 | 252.59 | 252.93 | 253.28 | 253.62 |
| 420 | 253.96 | 254.30 | 254.65 | 254.99 | 255.33 | 255.67 | 256.01 | 256.35 | 256.70 | 257.04 |
| 430 | 257.38 | 257.72 | 258.06 | 258.40 | 258.74 | 259.08 | 259.42 | 259.76 | 260.10 | 260.44 |

续表

| | | | | | | | | | | |
|---|---|---|---|---|---|---|---|---|---|---|
| | R(0℃)=100.00Ω | | | | | | | | | |
| | 0 | 1 | 2 | 3 | 4 | 5 | 6 | 7 | 8 | 9 |
| 440 | 260.78 | 261.12 | 261.46 | 261.80 | 262.14 | 262.48 | 262.82 | 263.16 | 263.50 | 263.84 |
| 450 | 264.18 | 264.52 | 264.86 | 265.20 | 265.53 | 265.87 | 266.21 | 266.55 | 266.89 | 267.22 |
| 460 | 267.56 | 267.90 | 268.24 | 268.57 | 268.91 | 269.25 | 269.59 | 269.92 | 270.26 | 270.60 |
| 470 | 270.93 | 271.27 | 271.61 | 271.94 | 272.28 | 272.61 | 272.95 | 273.29 | 273.62 | 273.96 |
| 480 | 274.29 | 274.63 | 274.96 | 275.30 | 275.63 | 275.97 | 276.30 | 276.64 | 276.97 | 277.31 |
| 490 | 277.64 | 277.98 | 278.31 | 278.64 | 278.98 | 279.31 | 279.64 | 279.98 | 280.31 | 280.64 |
| 500 | 280.98 | 281.31 | 281.64 | 281.98 | 282.31 | 282.64 | 282.97 | 283.31 | 283.64 | 283.97 |
| 510 | 284.30 | 284.63 | 284.97 | 285.30 | 285.63 | 285.96 | 286.29 | 286.62 | 286.95 | 287.29 |
| 520 | 287.62 | 287.95 | 288.28 | 288.61 | 288.94 | 289.27 | 289.60 | 289.93 | 290.26 | 290.59 |
| 530 | 290.92 | 291.25 | 291.58 | 291.91 | 292.24 | 292.56 | 292.89 | 293.22 | 293.55 | 293.88 |
| 540 | 294.21 | 294.54 | 294.86 | 295.19 | 295.52 | 295.85 | 296.18 | 296.50 | 296.83 | 297.16 |
| 550 | 297.49 | 297.81 | 298.14 | 298.47 | 298.80 | 299.12 | 299.45 | 299.78 | 300.10 | 300.43 |
| 560 | 300.75 | 301.08 | 301.41 | 301.73 | 302.06 | 302.38 | 302.71 | 303.03 | 303.36 | 303.69 |
| 570 | 304.01 | 304.34 | 304.66 | 304.98 | 305.31 | 305.63 | 305.96 | 306.28 | 306.61 | 306.93 |
| 580 | 307.25 | 307.58 | 307.90 | 308.23 | 308.55 | 308.87 | 309.20 | 309.52 | 309.84 | 310.16 |
| 590 | 310.49 | 310.81 | 311.13 | 311.45 | 311.78 | 312.10 | 312.42 | 312.74 | 313.06 | 313.39 |
| 600 | 313.71 | 314.03 | 314.35 | 314.67 | 314.99 | 315.31 | 315.64 | 315.96 | 316.28 | 316.60 |
| 610 | 316.92 | 317.24 | 317.56 | 317.88 | 318.20 | 318.52 | 318.84 | 319.16 | 319.48 | 319.80 |
| 620 | 320.12 | 320.43 | 320.75 | 321.07 | 321.39 | 321.71 | 322.03 | 322.35 | 322.67 | 322.98 |
| 630 | 323.30 | 323.62 | 323.94 | 324.26 | 324.57 | 324.89 | 325.21 | 325.53 | 325.84 | 326.16 |
| 640 | 326.48 | 326.79 | 327.11 | 327.43 | 327.74 | 328.06 | 328.38 | 328.69 | 329.01 | 329.32 |
| 650 | 329.64 | 329.96 | 330.27 | 330.59 | 330.90 | 331.22 | 331.53 | 331.85 | 332.16 | 332.48 |
| 660 | 332.79 | 333.11 | 333.42 | 333.74 | 334.05 | 334.36 | 334.68 | 334.99 | 335.31 | 335.62 |
| 670 | 335.93 | 336.25 | 336.56 | 336.87 | 337.18 | 337.50 | 337.81 | 338.12 | 338.44 | 338.75 |
| 680 | 339.06 | 339.37 | 339.69 | 340.00 | 340.31 | 340.62 | 340.93 | 341.24 | 341.56 | 341.87 |
| 690 | 342.18 | 342.49 | 342.80 | 343.11 | 343.42 | 343.73 | 344.04 | 344.35 | 344.66 | 344.97 |
| 700 | 345.28 | 345.59 | 345.90 | 346.21 | 346.52 | 346.83 | 347.14 | 347.45 | 347.76 | 348.07 |
| 710 | 348.38 | 348.69 | 348.99 | 349.30 | 349.61 | 349.92 | 350.23 | 350.54 | 350.84 | 351.15 |
| 720 | 351.46 | 351.77 | 352.08 | 352.38 | 352.69 | 353.00 | 353.30 | 353.61 | 353.92 | 354.22 |
| 730 | 354.53 | 354.84 | 355.14 | 355.45 | 355.76 | 356.06 | 356.37 | 356.67 | 356.98 | 357.28 |
| 740 | 357.59 | 357.90 | 358.20 | 358.51 | 358.81 | 359.12 | 359.42 | 359.72 | 360.03 | 360.33 |
| 750 | 360.64 | 360.94 | 361.25 | 361.55 | 361.85 | 362.16 | 362.46 | 362.76 | 363.07 | 363.37 |
| 760 | 363.67 | 363.98 | 364.28 | 364.58 | 364.89 | 365.19 | 365.49 | 365.79 | 366.10 | 366.40 |
| 770 | 366.70 | 367.00 | 367.30 | 367.60 | 367.91 | 368.21 | 368.51 | 368.81 | 369.11 | 369.41 |
| 780 | 369.71 | 370.01 | 370.31 | 370.61 | 370.91 | 371.21 | 371.51 | 371.81 | 372.11 | 372.41 |

续表

| R(0℃)=100.00Ω | | | | | | | | | | |
|---|---|---|---|---|---|---|---|---|---|---|
| | 0 | 1 | 2 | 3 | 4 | 5 | 6 | 7 | 8 | 9 |
| 790 | 372.71 | 373.01 | 373.31 | 373.61 | 373.91 | 374.21 | 374.51 | 374.81 | 375.11 | 375.41 |
| 800 | 375.70 | 376.00 | 376.30 | 376.60 | 376.90 | 377.19 | 377.49 | 377.79 | 378.09 | 378.39 |
| 810 | 378.68 | 378.98 | 379.28 | 379.57 | 379.87 | 380.17 | 380.46 | 380.76 | 381.06 | 381.35 |
| 820 | 381.65 | 381.95 | 382.24 | 382.54 | 382.83 | 383.13 | 383.42 | 383.72 | 384.01 | 384.31 |
| 830 | 384.60 | 384.90 | 385.19 | 385.49 | 385.78 | 386.08 | 386.37 | 386.67 | 386.96 | 387.25 |
| 840 | 387.55 | 387.84 | 388.14 | 388.43 | 388.72 | 389.02 | 389.31 | 389.60 | 389.90 | 390.19 |
| 850 | 390.48 | | | | | | | | | |

# 参考文献


[1] 蔡增基，龙天渝等编．流体力学泵与风机．北京：中国建筑工业出版社，2009.
[2] 廉乐明，谭羽非等编．工程热力学．北京：中国建筑工业出版社，2007.
[3] 章熙明，任泽需等编．传热学．北京：中国建筑工业出版社，2001.
[4] 田胜元，肖曰荣等编．实验设计与数据处理．北京：中国建筑工业出版社，1988.
[5] 王铃生主编．热工检测仪表．北京：冶金工业出版社，1994.
[6] 王魁汉主编．温度测量技术．沈阳：东北工学院出版社，1991.
[7] 王子延主编．热能与动力工程测试技术．西安：西安交通大学出版社，1998.
[8] 朱得祥主编．流量仪表原理和应用．上海：华东化工出版社，1992.
[9] 张子慧主编．热工测量与自动控制．西安：西北工业大学出版社，1993.
[10] 西安冶金建筑学院，同济大学编．热工测量与自动控制．北京：中国建筑工业出版社，1983.
[11] 金招芬，朱颖心主编．建筑环境学．北京：中国建筑工业出版社，2001.
[12] 刘耀浩主编．建筑环境与设备的自动化．天津：天津大学出版社，2000.
[13] 方修睦主编．建筑环境测试技术．北京：中国建筑工业出版社，2002.
[14] 刘学亭，张从菊主编．建筑热能工程实验及测试技术．北京：中国电力出版社，2010.
[15] 吴永生，方可人主编．热工测量及仪表．北京：水利电力出版社，1995.
[16] 高魁明主编．热工测量仪表．北京：冶金工业出版社，1993.